U0386907

四川省矿产资源潜力评价项目系列丛书(6)

四川省攀西地区钒钛磁铁矿

王　茜　廖阮颖子　田小林　蒋先忠
许家斌　赵其学　胡　毅　白家全　等　编著

科学出版社
北京

内 容 简 介

本书以攀枝花式钒钛磁铁矿为主要研究对象，回顾了攀枝花式钒钛磁铁矿的发现发展史，在充分利用前人各类勘查资料和研究成果的基础上，根据近几年整装勘查的新成果和四川省矿产资源潜力评价的有关成果对攀枝花式钒钛磁铁矿含矿岩体的特性、特征，矿体的产出、控制做出新的统计和总结，重新归纳总结攀枝花式钒钛磁铁矿的成矿规律。

本书可供从事地质教学、矿产勘查、矿床学以及相关科研人员参考使用。

图书在版编目(CIP)数据

四川省攀西地区钒钛磁铁矿 / 王茜等编著. —北京：科学出版社，2015.9
(四川省矿产资源潜力评价项目系列丛书)
ISBN 978-7-03-045688-5

Ⅰ.①四… Ⅱ.①王… Ⅲ.①钒钛磁铁矿-研究-四川省 Ⅳ.①P578.4

中国版本图书馆 CIP 数据核字 (2015) 第 218619 号

责任编辑：张 展 罗 莉 / 责任校对：王 翔
责任印制：余少力 / 封面设计：墨创文化

科学出版社出版
北京东黄城根北街16号
邮政编码：100717
http://www.sciencep.com

四川煤田地质制图印刷厂印刷
科学出版社发行 各地新华书店经销
*
2015 年 9 月第 一 版 开本：787×1092 1/16
2015 年 9 月第一次印刷 印张：8 3/4
字数：200 千字

定价：68.00 元

“四川省矿产资源潜力评价”是“全国矿产资源潜力评价”的工作项目之一。

按照国土资源部统一部署，项目由中国地质调查局和四川省国土资源厅领导，并提供国土资源大调查和四川省财政专项经费支持。

项目成果是全省地质行业集体劳动的结晶！谨以此书献给耕耘在地质勘查、科学研究岗位上的广大地质工作者！

四川省矿产资源潜力评价项目系列丛书
编委会

四川省矿产资源评价工作领导小组

组　长:宋光齐

副组长:刘永湘　张　玲　王　平

成　员:范崇荣　刘　荣　李茂竹

李庆阳　陈东辉　邓国芳

伍昌弟　姚大国　王　浩

领导小组办公室

办公室主任: 王　平

副　主　任: 陈东辉　岳昌桐　贾志强

成　　　员: 赖贤友　李仕荣　徐锡惠

巫小兵　王丰平　胡世华

四川省攀西地区钒钛磁铁矿

王　茜	廖阮颖子	田小林	蒋先忠
许家斌	赵其学	胡　毅	白家全
刘玉书	杨励行	任海涛	吴得强
李　帆	向　辉	冯　波	李　俊
胡　杰	何绍刚	彭夏洋	郑　毅
向立春	郭道军	孟　标	冉启瑜
冯永光	陈德军	梁成云	高仕蓉

前　言

四川省攀西地区是全国著名的钒钛磁铁矿集中分布区之一，也是四川攀枝花钢铁（集团）有限公司的钢铁生产基地。20世纪30年代开始，地质学家在攀枝花一带开展地质矿产工作，发现铁矿，并进行了资源量估算；到40年代，确定其为钒钛磁铁矿；50～70年代，经过不断深入的地质勘查工作，提交了上百亿吨的铁矿石资源量，探明储量占四川铁矿总资源量的96%以上。

为了进一步摸清重要矿产资源“家底”，为提高矿产资源保障能力和勘查部署提供依据，根据全国统一部署，“四川省矿产资源潜力评价”于2007年启动。项目开始之初，首先开展了攀枝花钒钛磁铁矿潜力评价典型示范，为全省乃至全国矿产资源潜力评价工作积累经验。四川省于2008年年底完成了典型示范任务，提交了《攀西地区攀枝花岩浆岩型钒钛磁铁矿潜力评价示范报告和成果报告》，2009年3月，通过了全国项目办公室统一组织的审查验收。典型示范的成果表明，攀枝花式钒钛磁铁矿潜力巨大，具有良好的找矿前景。

根据矿产资源潜力评价成果和验证结果，四川省决定实施钒钛磁铁矿整装勘查，2009年启动《四川省铁矿地质勘查专项规划（2010—2015年）》的编制；同年12月2日，四川省在红格矿区举行“四川省攀西钒钛磁铁矿整装勘查正式启动仪式”。几年来，通过整装勘查，新增加了数十亿吨的资源量，实现了“再找一个攀枝花”的目标。

本书以攀枝花式钒钛磁铁矿为主要研究对象，回顾了攀枝花式钒钛磁铁矿的发现发展史，在充分利用前人各类勘查资料和研究成果的基础上，根据近几年整装勘查的新成果和四川省矿产资源潜力评价有关成果对攀枝花式钒钛磁铁矿含矿岩体的特性、特征，矿体的产出、控制做出新的统计和总结，重新归纳总结攀枝花式钒钛磁铁矿的成矿规律。

《攀西地区攀枝花岩浆岩型钒钛磁铁矿潜力评价示范报告和成果报告》和《四川省铁矿资源潜力评价成果报告》是本书编写的基础。参加典型示范工作的有张贻、刘玉书、许家斌、宋俊林、赖贤友、胡世华、张文宽、黄与能、肖懿、张萍、李明雄、刘应平、徐韬、孙渝江、文辉等；参加四川省铁矿资源潜力评价成果报告编写的有赖贤友张文宽、马红熳、黄仕宗、郭萍、刘玉书、李明雄、胡红波、黄与能、张萍、肖懿、杨光先、尹国龙、孙明全、邓涛、张贻、曾云、刘应平、陈东国、卢珍松、许家斌、宋俊林、王秀京、汪宇峰、李世燕、谯小平、王东明、倪月玲、黄玉琼、方旭、张开国、吴丹、文辉、孙渝江、邢无京、文世涛、郎文宗、杨本锦等。本书的编写工作还得到骆耀南、李成冰等的支持与帮助；刘玉书、胡世华对本书提出大量宝贵的意见和建议，杨励行等审阅了全书，在此表示衷心感谢！

本书是“四川省矿产资源潜力评价”项目的系列成果和丛书之一，该项目得到了国土资源部、中国地质调查局、全国项目办、西南项目办、四川省国土资源厅、四川省地质矿产勘查开发局（简称四川省地矿局）、四川省冶金地质勘查局、四川省煤田地质局、四川省化工地质勘查院的领导和同仁的大力支持和帮助，在此一并表示感谢！

王 茜

2015年6月28日

目　　录

第一章　攀西地区钒钛磁铁矿概况 …… 1
第一节　攀西钒钛磁铁矿的勘查史 …… 2
一、新中国成立以前 …… 2
二、20世纪50年代 …… 2
三、20世纪60～80年代 …… 3
四、潜力评价、整装勘查时代 …… 5
第二节　钒钛磁铁矿资源概况 …… 6
一、矿床分布及规模 …… 6
二、共伴生组分 …… 9

第二章　区域地质背景 …… 10
第一节　区域构造位置 …… 10
一、大地构造位置及特征 …… 10
二、主要大型构造 …… 11
三、大地构造演化特征 …… 17
第二节　区域地质特征 …… 23
一、地层 …… 23
二、火山岩 …… 26
三、侵入岩 …… 27
四、变质岩 …… 29
第三节　综合信息地质构造推断解释成果 …… 30
一、攀西地区磁异常特征 …… 30
二、区域化探异常特征 …… 31
三、区域遥感地质特征 …… 33
四、区域重砂异常特征 …… 34

第三章　区域矿产特征 …… 36
第一节　主要矿产资源和时空分布 …… 36

第二节　攀西裂谷与成矿作用 …… 38
第三节　成矿区带与矿集区 …… 39

第四章　攀西钒钛磁铁矿基本特征 …… 44
第一节　含矿岩体分布及产出特征 …… 44
一、含矿岩体分布 …… 44
二、含矿岩体产出特点 …… 45
三、与粗伟晶辉长岩的关系 …… 48
四、与正长岩类的关系 …… 48
第二节　含矿岩体类型及其分异特征 …… 49
第三节　含矿岩体韵律特征 …… 49
一、以基性岩为主的含矿层状岩体 …… 49
二、基性—超基性岩组成的含矿岩体 …… 50
第四节　含矿岩体的岩石化学组分 …… 50
第五节　含矿岩体形成时期 …… 51
第六节　含矿岩体顶底板 …… 52
第七节　矿体基本特征 …… 52
第八节　矿 石 特 征 …… 53
一、矿石矿物 …… 53
二、矿石结构构造 …… 56
三、矿物粒度 …… 58
四、矿石类型 …… 59
五、矿石有用(益)组分分配规律及其赋存状态 …… 60
第九节　钒钛磁铁矿矿床类型 …… 63
一、岩浆分异型钒钛磁铁矿床 …… 63
二、贯入式钒钛磁铁矿床(?) …… 65

第五章　主要矿床分述 …… 66
第一节　岩浆分异基性岩型 …… 66
一、攀枝花矿床 …… 67
二、太和矿床 …… 72
第二节　岩浆分异基性—超基性岩型 …… 77
一、岩浆分异辉长-辉石-橄榄岩型 …… 78
二、岩浆分异辉长-橄长-斜长橄辉岩型 …… 95
第三节　岩浆晚期熔离贯入型(?) …… 104

一、黑古田矿床 …………………………………………………………………………………… 104
二、巴洞矿床 ……………………………………………………………………………………… 107
三、杨湾磷灰石-磁铁矿点 ……………………………………………………………………… 110

第六章 区域成矿规律和找矿前景 ……………………………………………………………… 111
第一节 区域成矿规律 ………………………………………………………………………… 111
一、含矿岩体与构造的关系 …………………………………………………………………… 111
二、岩体特征 ……………………………………………………………………………………… 111
三、岩体形成时代 ………………………………………………………………………………… 113
四、“三位一体”岩浆岩组合 ……………………………………………………………………… 114
五、物(化)探异常 ……………………………………………………………………………… 114
第二节 找矿前景评价 ………………………………………………………………………… 114
一、预测评价结果综述 …………………………………………………………………………… 114
二、工作部署建议 ………………………………………………………………………………… 116

主要参考文献 ……………………………………………………………………………………… 119
编后语 ……………………………………………………………………………………………… 121
索 引 ……………………………………………………………………………………………… 123

第一章　攀西地区钒钛磁铁矿概况

攀西地区位于四川省西南部，北起凉山彝族自治州冕宁县，南至攀枝花市，行政区划上包括攀枝花市和凉山彝族自治州，共计约20县市，纵贯340km，面积6.36万km^2，人口451.55万，地理坐标：东经101°30′00″～103°30′00″，北纬26°00′00″～28°40′00″。攀西地区是中国西南地区大型钢铁、钒钛冶炼基地，太和、白马、红格、攀枝花四大矿区由北至南不连续出露于西昌—攀枝花一带(图1-1)。攀西地区也是重要的水电基地、四川蔗糖基地。

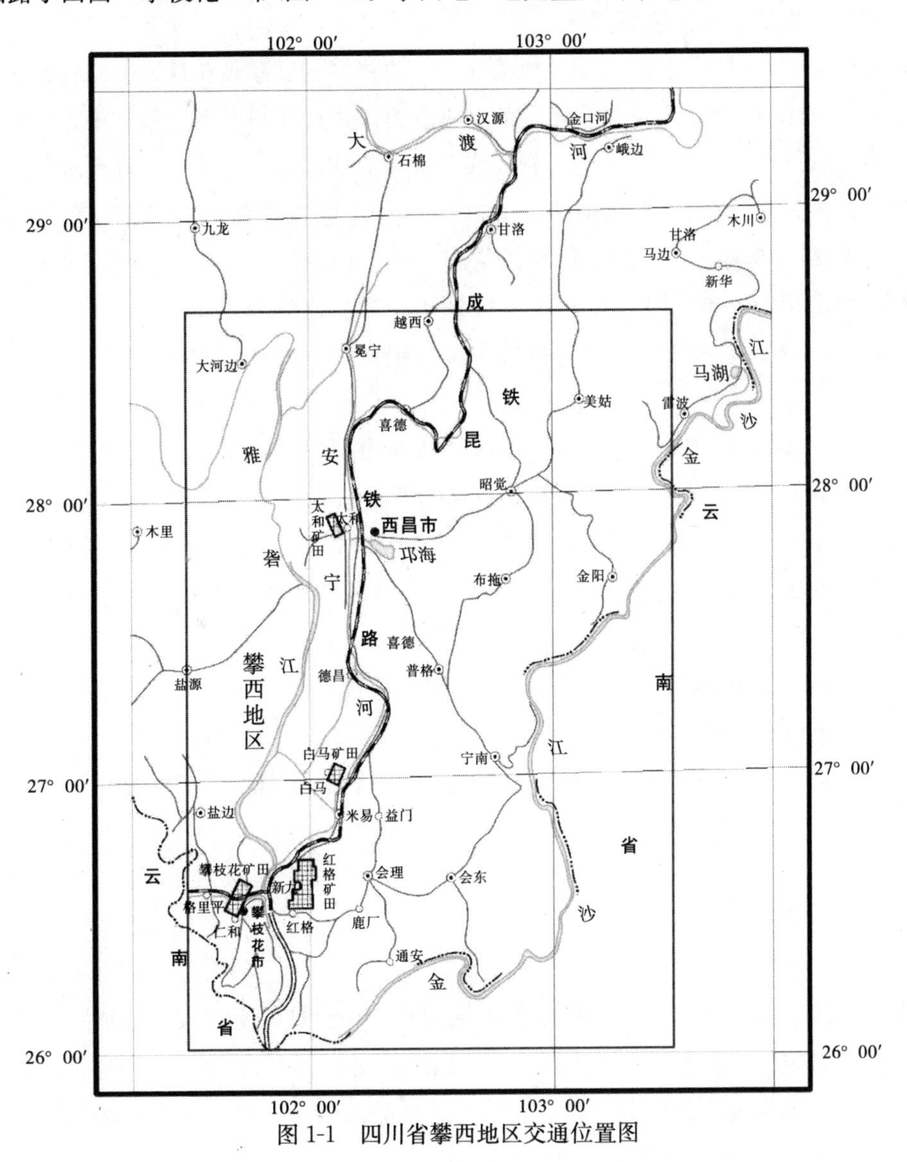

图1-1　四川省攀西地区交通位置图

第一节　攀西钒钛磁铁矿的勘查史

一、新中国成立以前

1984年，王朝钧等对常隆庆的遗著及路线图进行查阅、考证，证实常隆庆、段学忠在1936年1～9月曾对攀枝花倒马坎矿区做过地质调查，并在其1937年9月发表的《宁属七县地质矿产》中谈到："盐边多岩石，接近花岗岩，受花岗岩影响极大。花岗岩侵入时……金、铁等类矿物侵入岩石中，形成层位矿脉及浸染矿床，故盐边当中，有山金脉及浸染式之磁铁矿、赤铁矿等。"

1940年8月17日～11月11日，常隆庆、刘之祥一起到攀枝花铁矿兰家火山、尖包包矿区工作。1941年8月，刘之祥在撰写的《康滇边区之地质与矿产》一文中，估算铁矿石资源量为1126.4万t。1942年6月，常隆庆在撰写的《盐边、盐源、华坪、永胜等县矿产调查报告》一文中，估算了营盘山(即兰家火山、尖包包)铁矿石资源量为865.2万t。

1941年春，李善邦、秦馨菱到攀枝花矿区开展物探磁法工作，采集7件矿石样品，经程裕淇鉴定研究，首先发现矿石中有钛铁矿；样品化学分析结果为TFe 51%、TiO_2 16%、Al_2O_3 9%；在《西康盐边县倒马坎钛磁铁矿》一文中估算铁矿石资源量为1600万t。

1942年，汤志诚到攀枝花倒马坎矿区开展地质调查，在《盐边攀枝花及倒马坎铁矿石地质报告》中估算攀枝花、倒马坎矿区铁矿石资源量为4000万t。

1943年，陈正、薛冰凤对矿石物质成分进行研究后认为，铁矿石矿物成分以磁铁矿、钛铁矿为主，并对兰家火山、尖包包、倒马坎矿体作了简要描述，估算铁矿石资源量为2100万t。

1944年冬，程裕淇在美国地质调查所查阅有关资料时注意到中国东北及河北大庙钛磁铁矿含钒的资料，认为西昌地区攀枝花钛磁铁矿可能含钒，当即函告李春昱建议采样化验，经采样化验后果然含钒。至此，攀枝花钛磁铁矿逐渐以"攀枝花钒钛磁铁矿"之名著称于世。

二、20世纪50年代

新中国成立后，地质工作取得长足发展。1954年6月，南京大学地质系徐克勤教授率地质系4名应届毕业生到攀枝花矿区进行踏勘，测制1∶2.5万路线地质图1幅，分别在兰家火山、尖包包、倒马坎各取了一系列的样品。当年，徐克勤根据路线地质图估算兰家火山、尖包包、倒马坎三个矿区铁矿石资源量在1亿t以上。

1955年1月，西南地质局(现四川省地质矿产勘查开发局，简称四川省地矿局)组建五〇八队二分队，指派秦震为攀枝花铁矿勘查工作技术负责。同时，地质部三〇二物探队配合物探地面磁测工作。1955年8月31日，五〇八队撤销，五〇八队二分队扩建为西南地质局五三一队，攀枝花钒钛磁铁矿勘查工作正式启动。1955年年底，详查工作完成，1955年5月新发现朱家包包、公山、纳拉箐矿段。当年，矿区累计获铁矿资源量1.9亿t。1956年3月，《人民日报》报道了西南金沙江边找到大铁矿的消息。详细普查后，五三一地质队首先对兰家火山、尖包包、倒马坎三个矿区进行初步勘探工作。

1957年1月，四川省地质局成立，五三一队改为四川省地质局攀枝花铁矿勘探队，对攀枝花钒钛磁铁矿进行勘查，至1958年6月，完成攀枝花铁矿勘查工作(朱家包包、兰家火山、尖包包、倒马坎勘探，公山、纳拉箐详细普查)，结束并提交了《攀枝花钒钛磁铁矿储量计算报告书》，报告不仅提交了大型规模铁矿石资源，还提供了丰富的钛、钒资源。

此期间，除对攀枝花钒钛磁铁矿勘查外，区域上还进行了1∶10万物探地面磁测普查，为攀西钒钛磁铁矿找矿提供了物探依据。

1956年1月，地质部三〇二物探队、西南地质局五三一地质队在下路枯、大老包一带(即现在红格矿区东南边缘)发现钒钛磁铁矿露头，经过1∶5000地质草测及地表取样，初步圈定钒钛磁铁矿体长1500m，厚0.3～20m，铁矿石TFe平均品位37%。

1956～1958年，三〇二物探队、西南地质队发现白草矿区钒钛磁铁矿露头。

1958年10月，西昌地质队区测分队发现安宁村铁矿露头。

1956年3月，地质部三〇二物探队在田家村圈出磁异常带，同年6月，物探队三〇二、五三一地质队在及及坪、田家村发现铁矿露头及马槟榔铁矿露头。1957年5月～1959年11月，力马河地质队对及及坪、田家村、青岗坪三个矿段进行普查、勘探工作。

1957年11～12月，西南物探大队三〇九二分队在西昌太和两侧发现强磁异常，并作地质检查工作，初步证实异常由极具工业价值的钒钛磁铁矿引起。1958年3月，四川地质局西昌地质队配合三〇九队对矿区作进一步检查，用少量工程揭露了部分矿体，编制了1∶5000及1∶10000地质物探复合图，估算铁矿石资源量在1亿t以上。

这个阶段的工作不仅勘探出一个大型矿床，还先后发现一批有价值的矿床、矿点、矿化线索，为下步找矿勘查打下了基础。

三、20世纪60~80年代

1964年5月，中央做出建设攀枝花钢铁基地、修建成昆铁矿的决定，作出加强“三线”建设的部署。为了适应新形势的要求，四川省地质局(现四川省地矿局)从省内外调集和组建7个地质队加强攀西地区矿产普查、勘探工作，为扩大找矿前景，加强矿石综合利用，开展成矿规律与预测及矿石物质组分研究工作。

(一)白马矿区

1964～1969年，1985～1988年，四川省地质局一〇六地质队(后简称川地一〇六队)开展了及及坪、田家村矿段勘探和补充勘探，1969年3月和1988年分别提交了《米易县白马钒钛磁铁矿区及及坪、田家村矿段勘探地质报告》。1979～1981年，川地一〇六队、一〇九队开展了青岗坪初步勘探工作，1982年，一〇九队提交了《米易县白马钒钛磁铁矿区青岗坪初勘地质报告》。1966～1967年，川地一〇六队开展了夏家坪、马槟榔矿段勘查工作，1988～1989年，川地一〇六队开展了夏家坪矿段详查工作，1989年提交了《米易县白马钒钛磁铁矿区夏家坪矿段详查地质报告》。

(二)红格矿田

红格矿田即由红格基性—超基性岩体形成的10个大、中型(其中大型6个、中型4个)矿区。1966年3月，川地一〇六队开始对红格(原路枯)矿区开展普查找矿工作，按1976年国家计委(76)计钢字(69)文件“1976年争取提交西昌红格铁矿初步地质报告”的要求，四川省地矿局组织了一〇六队、一〇九队、四〇三队、四〇四队、水文队、物探队、汽车队等单位2000余人，钻机30台，对红格矿区会战勘探，经过15年的普查、详查、初勘、详勘，1980年，川地一〇六队提交了《渡口市红格矿区钒钛磁铁矿详细勘探地质报告》，查明铁矿石储量为攀西地区最大的一个矿区。在红格矿区勘查过程中，川地一〇六队于1971～1972年完成对马鞍山矿初勘、1976～1977年中梁子矿区普查、1976～1981年中干沟矿区详查、1977～1980年湾子田矿区普查、1979～1983年安宁村矿区初勘、1980～1986年白草矿区详查等工作。1979～1981年，冶金地勘公司六〇三队对秀水河矿区普查，另还对普隆矿区开展了普查评价工作。

(三)太和矿区

1965～1970年，四川省地质局一一三地质队在西昌地质队勘探范围内浅部开展了勘探，1970年提交了《西昌太和钒钛磁铁矿最终地质勘探报告》；1977～1981年，冶金地质勘探公司(现四川省冶金地质勘查局成调所)六〇九队对太和矿区南(深)部异常800m以浅进行了验证，证实太和浅部矿体稳定延深，1981年提交了《太和钒钛磁铁矿区南部详查报告》。

(四)其他矿区

1978～1982年，川地一〇六队对米易县新街钒钛磁铁矿开展了普查工作，1981年提交了《米易县新街钒钛磁铁矿及普查评价地质报告》。

1978～1979年，四川冶金地质勘探公司六〇二队(现四川省冶金地质勘查局水文工程大队)对德昌巴洞钒钛磁铁矿区开展了普查工作，1979年提交了《德昌巴洞钒钛磁铁矿区评价地质报告》。

1978年，四川冶金地质勘探公司六〇六队(现四川省冶金地质勘查局六〇六大队)开展了会理县普隆钒钛磁铁矿普查工作，同年编写矿区普查评价地质报告。

到此为止，攀西地区共查明钒钛磁铁矿大、中型矿区14处(其中大型8处、中型6处)。其中，勘探矿区4处(攀枝花、白马、红格、太和)，详查或初勘矿区4处(安宁村、白草、中干沟、马鞍山)，普查矿区6处(巴洞、秀水河、新街、中梁子、湾子田、普隆)，共查明不同类别、不同级别矿石100.87亿t，TiO_2 9.02亿t、V_2O_5 2107万t，进一步验证了攀西地区钒钛磁铁矿除铁、钛、钒外，还共(伴)生有钴、镍、铬、镓、硒、碲、钪、锰、铂族元素及硫、磷等元素。

在此期间，扩大找矿前景及矿石综合利用也提到日程上来。1966年8月20日，成都钒钛磁铁矿科研协调工作会议召开，相继有中国地质科学院矿产资源研究所、西南研究所、中国地质科学院矿产资源综合利用研究所、中国科学院贵阳地球化学研究所、地质研究所、成都地质学院(现成都理工大学)、武汉地质学院(现中国地质大学)、长沙矿冶研究院等大量科研、教学深入矿区与川地一〇六队、西昌实验室(1976年扩大为820科研队)、中心实验室及820队的技术人员一起，对钒钛磁铁矿矿石组分及成矿规律开展了大量的科研工作。1980年，以地质部矿床地质科研所、川地一〇六地质队、820地质队为主，通过钒钛磁铁矿成矿规律与成矿预测研究，为钒钛磁铁矿找矿工作扩大了眼界、提出一批找矿靶区，为找矿勘查工作提供了大量理论和实际依据；通过物质成分研究，对矿石共(伴)生有用(益)组分的赋存状态、分布富集规律提供了大量成果，为矿石综合利用奠定了坚实的基础。

1977年，中国地质科学院矿产资源研究所、川地一〇六队、西昌实验室、成都理工学院等编写并提交了《攀枝花—西昌地区钒钛磁铁矿共生矿物质成分研究报告》；1984年，中国地质科学院矿产资源研究所、成都理工大学、川地一〇六队、物探队编写并提交了《攀枝花—西昌地区钒钛磁铁矿共生成矿规律与预测研究报告》。两个研究项目被列为国家重点科技发展项目（1977年第64项和1978年第29项）。两项研究成果合并获得1978年第二次全国科技大会奖，前者还获四川省科技进步奖一等奖，后者获地质矿产部科技成果二等奖。

四、潜力评价、整装勘查时代

2007～2009年，在省国土资源厅统一领导下，四川地质调查院、川地一〇六队开展了攀枝花式岩浆岩型钒钛磁铁矿潜力评价工作，以地质构造、成矿规律和矿产预测，以及重力、磁测、化探、遥感、自然重砂等为研究内容，编制《四川省攀西地区攀枝花式岩浆型钒钛磁铁矿资源潜力评价成果报告》，该报告作为四川省示范工作和深部验证成果，对接下来几年全面开展全国矿产资源潜力评价省级项目工作具有重要指导意义，为攀西地区攀枝花式钒钛磁铁矿的勘查规划和部署提供基本成果资料。该报告在2009年3月29日有关院士和专家对全国矿产资源潜力评价典型示范成果进行的评审中获得高度评价。

2009年，根据潜力评价思路及初步成果，四川省国土资源厅提交的《四川省铁矿地质勘查专项规划(2010—2015年)》，对钒钛磁铁矿整装勘查拟定了19个勘查区块(详查5个、普查9个、预查5个)；在整装勘查实施过程中，又增加了3个区块，总计对21个区块的勘查工作进行了规划。

2010年1月四川省地矿局提交的《四川省铁矿潜力评价成果报告》，在攀西地区圈定19个攀枝花式钒钛磁铁矿最小预测区(Ⅴ级预测区)，预测钒钛磁铁矿资源量为190亿t。

2009年12月2日，川地一〇六队承担的四川省盐边县新九乡白沙坡—新桥钒钛磁铁矿普查项目钻孔ZK001开钻，四川省攀西钒钛磁铁矿整装勘查正式启动，轰轰烈烈的整装勘查从此拉开帷幕。其间，整装勘查项目调集了地矿、冶金、煤田3个地勘局20余个地勘单位投入工作，至2013年年底，对15个区块(包括四大矿区深部)进行了勘查，查明大型矿床7处，中型4处、小型3处、矿化点1处，其间在会理竹菁火山(不属整装勘查范围)还查明1中型矿床。截至2014年，攀西钒钛磁铁矿整装勘查已历时五年，目前尚有红格、白马、太和等勘查项目正在进行中。

第二节　钒钛磁铁矿资源概况

一、矿床分布及规模

攀西地区钒钛磁铁矿产于康滇断隆带，晚华力西期裂谷环境，沿安宁河大断裂分布，西邻盐源—丽江逆冲带(被动大陆边缘)，东邻凉山—滇东被动大陆边缘，赋存于富铁质基性岩—超基性岩体中。

攀西地区已经发现钒钛磁铁矿矿产地30处(表1-1)。著名的四大矿区(太和矿区、白马矿区、攀枝花矿区、红格矿区)由北至南依次产出于攀西裂谷带之中。攀西钒钛磁铁矿矿点分布示意图如图1-2所示。

表1-1　攀枝花式钒钛磁铁矿主要矿床规模一览表

序号	产地	矿床规模		
		铁	TiO_2	V_2O_5
1	红　格	大型	大型	大型
2	白　马	大型	大型	大型
3	太　和	大型	大型	大型

续表

序号	产地	矿床规模		
		铁	TiO_2	V_2O_5
4	攀枝花	大型	大型	大型
5	安宁村	大型	大型	大型
6	纳拉箐	大型	大型	中型
7	务　本	大型	大型	中型
8	白　草	大型	大型	中型
9	中干沟	大型	大型	中型
10	白沙坡	大型	大型	中型
11	秀水河	大型	大型	中型
12	湾子田	中型	大型	中型
13	棕树湾	中型	中型	中型
14	黑谷田	中型	中型	中型
15	中梁子	中型	大型	中型
16	新　街	中型	大型	中型
17	竹箐火山	中型	中型	中型
18	飞机湾	中型	中型	中型
19	一碗水	中型	中型	中型
20	普　隆	中型	中型	—
21	马鞍山	中型	中型	中型
22	巴　洞	中型	中型	中型
23	马槟榔	小型	小型	小型
24	半　山	小型	—	—
25	蜂子岩	矿化点	—	—
26	大象坪	矿化点	—	—
27	麻　陇	矿化点	—	—
28	新　桥	矿化点	—	—
29	萝卜地	矿化点	—	—
30	彭家梁子	矿化点	—	—

攀西地区是中国最大的钒钛磁铁矿资源基地，集中了四川省的大型—超大型钒钛磁铁矿床。按照1986年全国矿产储量委员会办公室主编、地质出版社出版的《矿产工业要求参考手册(修订版)》附录1，钒钛磁铁矿矿床规模划分标准如表1-2所示，截至2013年，四大矿区及其外围矿区共查明大型矿床11处、中型矿床11处；查明铁矿石资源/储量150余亿吨，TiO_2资源量12亿t，V_2O_5资源量3000万t。累计探明钒钛磁铁矿资源量占我省探获矿石资源量的97%，为我国同类型矿产总储量的95%以上，占全国铁矿总储量的15%以上。

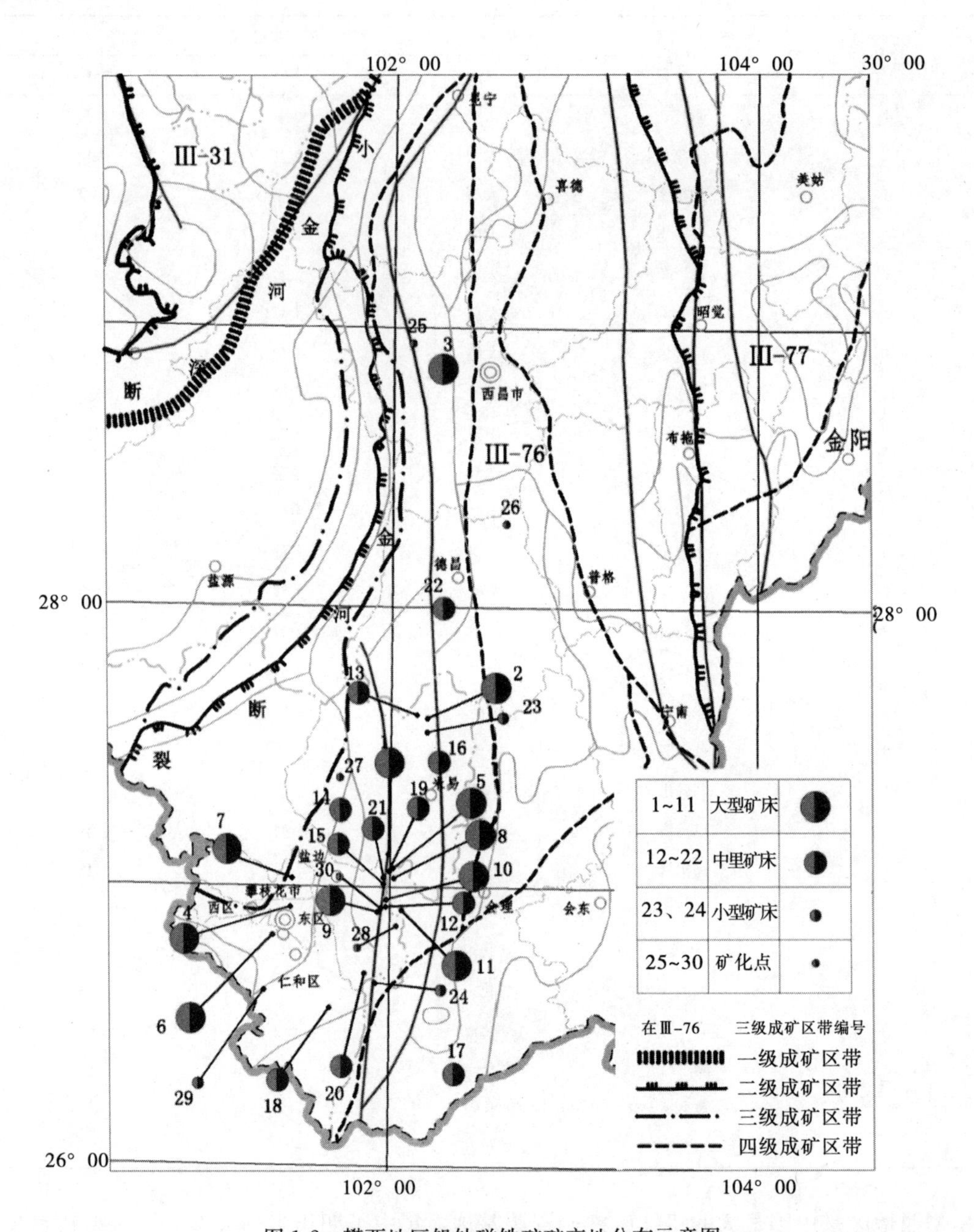

图 1-2 攀西地区钒钛磁铁矿矿产地分布示意图

1. 红格；2. 白马；3. 太和；4. 攀枝花；5. 安宁村；6. 纳拉箐；7. 务本；8. 白草；9. 中干沟；10. 白沙坡；11. 秀水河；12. 湾子田；13. 棕树湾；14. 黑谷田；15. 中梁子；16. 新街；17. 竹箐火山；18. 飞机湾；19. 一碗水；20. 普隆；21. 马鞍山；22. 巴洞；23. 马槟榔；24. 半山；25. 蜂子岩；26. 大象坪；2. 麻陇；28. 新桥；29. 萝卜地；30. 彭家梁子

表 1-2　矿床规模划分标准

矿种名称	储量单位	矿床规模		
		大型	中型	小型
铁矿石	亿 t	＞1	0.1～1	＜0.1
钛	万 t	＞500	500～50	＜50
钒	万 t	＞100	100～10	＜10

攀西钒钛磁铁矿矿石品位普遍不高，根据现有成果不完全统计，工业级矿石 TFe 平均品位 26.2%，低品位矿石 TFe 平均品位 16.6%，且贫矿在攀西地区钒钛磁铁矿探明储量中所占比例大，低品位矿石储量达到 37.17 亿 t，占总储量的 24.23 %。攀西低品位钒钛磁铁矿也是巨大的资源，搞好攀西钒钛磁铁矿低品位矿的开发和综合利用将产生巨大的经济效益。

二、共伴生组分

钒钛磁铁矿不仅是一种重要的铁矿资源，而且含有多种可供利用的有益组分，综合利用价值大。现已查明在矿石中有铁、钛、钒、铬、钴、镍、铜、锰、钪、镓、硫、硒、碲和铂族元素等 14 种元素，是我国难得的、可贵的稀、贵金属的资源宝库。据现已查明资源量统计，攀西地区钒钛磁铁矿中：TiO_2储量 6 亿余吨、V_2O_5储量 1700 余万吨，它们在矿石中的赋存状态已基本查明。有的矿区，如红格、白草等还发现伴生有与碱性伟晶岩有关的铌、钽、锆稀土矿，可供矿山综合利用。

随着科学技术的进步和经济建设需求的增加，人们对这个得天独厚的巨大资源的渴求与日俱增。然而，这些共伴生的稀、贵元素，在各矿区中分布很不均匀，普遍含量很低，分离提取的难度大，人们对其回收利用、研究与评价还很不足。

多年来，通过选铁、选钛、提钒炼钢等加工，获得的钢铁产品、钛产品和钒产品，对于确保我国国防安全和国家经济安全具有特别重要的意义。除铁、钒、钛外，品位达到工业要求的还有钴和红格铁矿南矿区的铬。钒、钛、铬、钴都是国家重要的战略资源，回收钛、钒、钴、铬对于国家航空航天、国防工业的发展，具有重大的战略意义。

第二章　区域地质背景

第一节　区域构造位置

一、大地构造位置及特征

攀西地区位于扬子陆块与松潘—甘孜活动带的西南结合部，西邻三江造山带的金沙江结合带东侧(图 2-1)。小金河、箐河—程海、磨盘山、安宁河、小江深断裂分别通过本区西部和东部，宁会、则木河、黑水河等大断裂分布于本区内；康滇断隆带呈南北向展布于攀西地区中部，该带相当于川滇构造带的北段四川境内部分，全长 720km、宽 160km，南端为红河断裂截断，其北止于宝兴附近，被印支期褶皱掩覆。

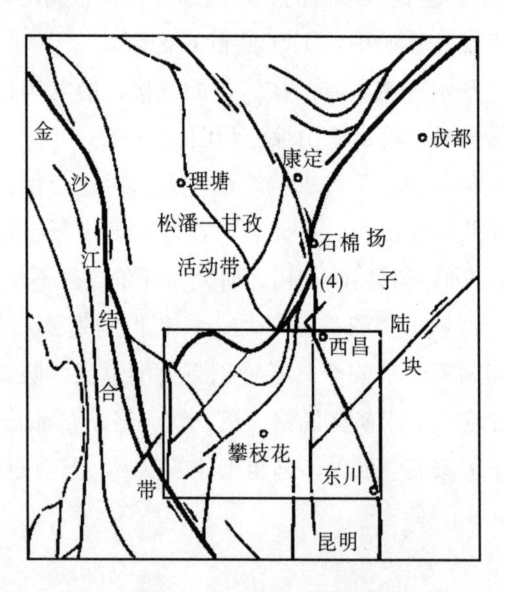

图 2-1　大地构造位置图

攀西地区主要构造线呈南北向展布，地质构造极其复杂。该区东部及中部位于扬子陆块西南缘，包括盐源—丽江前陆逆冲-推覆带(龙门山—锦屏山陆内造山带)、康滇地块、上扬子陆块三部分。其中，中部的康滇地块(康滇地轴)演化历史长、构造最为复杂，总体上由磨盘山、安宁河、小江等南北向断裂带与其间的基底和盖层组成，由结晶基底、褶皱基底和盖层构成三层结构(分别由康定岩群、河口岩群、会理群/昆阳群/盐边群及其相应的侵入岩组成)。主构造线分别为近东西向(卵形)和近南北向，分别定型于中条期和晋宁期；盖层构造以南北向较宽缓褶皱和断裂为主，定型于喜马拉雅期。上扬子地块构造比较简单，属盖层构造，与康滇地块盖层构造一致。盐源—丽江前陆逆冲-推覆带位于扬子陆块与松潘—甘孜活动带的结合部，属龙门山—锦屏山陆内造山带南部的前陆逆冲-推覆构造带，以发育一系列北东—北北东向、西倾的逆冲-推覆断裂为特色，主要发育于印支期，定型于喜马拉雅期。

攀西地区北西部属松潘—甘孜活动带(造山带)南部，位于木里弧形构造前缘，由一系列向南凸出的弧形逆冲断裂与其间的构造夹片组成，定型于印支—喜马拉雅期。

区内新构造运动强烈，主要形成一系列以北西—北西西向为主的断层、南北向断裂的活化、强烈的差异升降，它一方面形成了独特的山谷地貌，提供了丰富的生态旅游资源的载体；另一方面控制了第四纪断陷盆地的形成和展布，同时控制了西昌—宁南、盐源—宁蒗一带强烈的现代地震活动。

攀西地区基底由一套变质程度较深的变质岩和火山岩系组成，厚度巨大，受晋宁末期造山运动的影响，广泛遭受褶皱，特别是中元古界的会理群、盐边群，构成本区结晶基底之上的褶皱基底。本区基底构造是以褶皱较紧密、轴线呈东西或近东西向的展布为特征，构成本区基底构造的基本格局。沿张断裂有辉绿岩、辉长岩、小岩脉、岩株及其他基性、酸性岩体侵入充填。由于后期强烈构造及岩浆破坏，基底构造一般较难分辨，分布零星。

盖层构造在本区总体为一南北构造组合。褶皱一般平缓开阔，规模较大，对称性差，不完整，因而表现不明显。断裂构造却十分发育，呈南北向展布，多为高角度正、冲断层，在地貌上形成地堑谷、断陷盆地和断块山脉。受断裂影响，断裂两侧的沉积建造在岩相、厚度、发育程度和分布上有显著差异。

区内新构造运动强烈，主要形成一系列以北西—北西西向为主的断层、南北向断裂的活化、强烈的差异升降，它一方面形成了独特的山谷地貌，提供了丰富的生态旅游资源的载体；另一方面控制了第四纪断陷盆地的形成和展布，同时控制了西昌—宁南、盐源—宁蒗一带强烈的现代地震活动。

二、主要大型构造

(一)重要大型构造特征

攀枝花地区以南北向断裂带为主体，隶属于程裕淇等(1994)中国陆区断裂划分中的贺兰—康滇型断裂系统。攀枝花(—西昌)地区发育有形成于元古宙的磨盘山、安宁河、小江等三条巨大的南北向断裂带，向西包括金河—程海断裂带，并北延至龙门山断裂带。

这些断裂带中，自元古宙以来长期活动，尤其是晚古生代及中、新生代以来，受特提斯、滨太平洋两大构造域的复合作用，成为纵贯南北的深断裂系统。本区南北向断裂是反映岩石圈活动的深大断裂，这些断裂带纵贯或斜贯全区，将本区分割成大小不等、形态不同、深度不一、近南北向展布的若干断块，并成为控制地质构造格架与地壳演化的关键因素，也对含钒钛磁铁矿层状辉长岩杂岩体的产出有十分明显的控制作用。

1. 安宁河深断裂带

安宁河深断裂带纵贯南北。该断裂带北起金汤，向南沿大渡河到石棉，经冕宁、德昌、米易、会理，过金沙江入云南与益门断裂相连，四川境内长约400km。其发育于前震旦纪—中生代各时代地质体中，在新生代地层中也有反映，为一形成于晋宁期、多期强烈活动的长寿断裂带，对晋宁期以来的沉积、岩浆活动及新构造期地形地貌起着明显的控制作用。

在四川境内，大体以石棉、德昌为分界点，安宁河深断裂带可分为三段，本区仅见其南段。在区内，安宁河断裂呈南北向分布于德昌，米易县境黄龙—挂榜—新山一线，向南延入会理，除局部被第四系掩盖外，其余地段均表现明显。断裂发育于二叠纪峨眉山玄武岩内或玄武岩与震旦系—二叠系沉积地层或中元古代变质岩之间，后者仅见于东盘。沿断裂带有串珠状下降泉分布。断裂走向为北北西—西北向，断面波状起伏，其北段倾向南西—南南西，倾角一般为50°～70°，局部为40°～45°，中南段倾向东，倾角60°～84°。断裂破碎带宽8～40m不等。

该断裂对沉积、岩浆等的控制作用主要表现为：①控制了二叠纪—三叠纪的基性火山喷发及基性、酸碱性岩浆侵位，本区内外的峨眉山玄武岩及二叠纪—三叠纪辉长岩、正长岩、花岗岩沿断裂带两侧总体呈南北向分布，前者并在龙肘山一带形成攀西乃至康滇地区规模与厚度均为最大，累计厚达数千米，大小约为75km×25km，呈南北向串珠状分布的层状—盾状火山群，显示断裂已深切达上地幔，沿断裂两侧分布的串珠状基性超基性小侵入体向北直达石棉，向南直抵会理河口，绵延数百千米，构成康滇构造带上最醒目的构造——岩浆杂岩带；②控制了震旦系—二叠系海相沉积地层的分布，震旦系—二叠系地层基本仅分布于断裂以东，在北部邻区断裂以西仅有局部分布，且东、西两侧岩性、厚度差异较大，显示该断裂是自晚震旦世以来控制两侧海相沉积的同沉积断层，其西震旦纪—二叠纪期间持续隆升，其东则振荡性差异升降形成不连续的海相沉积；③控制了前震旦纪不同性质基底的分布，其东为由会理群低绿片岩相区域动力变质岩系组成的褶皱基底，构造线呈东西向，其西为由攀枝花杂岩绿片岩相-角闪岩相区域动热变质岩系构成的结晶基底，构造线呈近南北向，二者从原岩建造、岩浆作用、变质作用、构造格架等方面均有明显不同；④对晋宁期构造期后摩挲营S型花岗岩也有一定控制作用，使之主要沿该断裂以东呈近南北向带状展布。

2. 磨盘山深断裂带(昔格达深断裂带)

该断裂带与其东的安宁河深断裂带平行展布，大区域上称绿汁江断裂，也称昔格达或磨盘山—昔格达断裂带。它北起冕宁，向南经磨盘山、得力铺，通过普威、米易垭口、昔格达直达云南元谋以南，呈近南北向的舒缓波状延伸。四川境内长约240km，东西宽12～20km。TM卫片上，该断裂带表现为由若干平行且不很连续的断裂组成，地貌上多表现为断陷谷、盆。其总体走向近南北，倾向西(主)或东，倾角中等至陡。断裂带切割了基底杂岩、震旦系、寒武系，对中生代陆内断陷盆地沉积及昔格达组的沉积控制明显。该断裂发生于晋宁期前，后经过多期活动，以华力西期—印支期及喜马拉雅期活动最为强烈，伴随前者活动有玄武岩浆喷发和大量的基性及酸碱性岩浆侵入。由于断裂的后期活动，使昔格达组乃至全新世堆积物产生了强烈变形，现今又有强烈地震发生(1955年的6.7级地震)，表明它是一条具继承性且现今仍在活动的长寿断裂。

断层破碎带宽度一般多为1～5m，局部达30～85m，在腊耳坝更有宽达50～150m的花岗质糜棱岩带。断裂不仅有逆冲推覆，还具反扭特征。在回箐沟该断裂发育在前震旦纪变质岩和震旦纪大理岩中，破碎带宽大于80m，由碎裂岩、角砾岩、挤压劈理及杂色断层泥组成，并具绿泥石化、硅化等现象，断层产状80∠80°。米易干田堡见断裂的西盘前震旦系片岩逆冲在东盘侏罗纪紫红色粉砂岩和泥岩之上，破碎带宽1～1.5m，由劈理、碎裂岩、糜棱岩和断层泥组成，断层产状285∠85°。于新九附近见千枚岩、板岩逆冲在震旦纪灰岩之上，破碎带宽5～8m，由碎裂岩和压劈理组成，断层产状295∠60°。昔格达村北1.5km处，断层发育在灯影组灰岩中，破碎带宽12m，由碳酸盐化、糜棱岩化、强烈蚀变的玄武岩脉和灰质碎裂岩及压劈理组成，断层产状255∠66°。

此外，在断裂东侧于昔格达村震旦纪大理岩、灰岩中发育有次一级的北东向挤压带，与其组成“入”字型，显示该断裂具有反扭特征。在断层西盘昔格达组地层中发育有北东向的褶皱束，显示出在第四纪以来仍具有左旋特征。

断裂带对两侧的地层、建造控制明显。西侧出露太古至古元古代攀枝花杂岩变质表壳岩系及英云闪长岩、奥长花岗岩，东侧没有此期地层及岩体。中元古代两侧大地构造环境显著不同，以东为“冒地槽”(会理群)，以西为“优地槽”(盐边群)。沿断裂带不仅有五台—中条、晋宁期中酸性岩浆岩分布，也有华力西期—印支期基性、超基性及酸碱性岩浆活动，规模十分可观，且主要分布于断裂带东侧，与安宁河深断裂带一起构成康滇构造带上控制华力西—印支期岩浆活动最重要的岩石圈断裂带。其中著名岩体有红格层状岩体、矮郎河花岗岩体，米易—茨达碱性花岗岩体、财地梁子及磨盘山、牦牛山花岗岩体等。新近纪，该断裂带控制了其西侧昔格达断陷湖盆的发育和沉积，形成厚达200多米的昔格达组湖相沉积。

3. 金河—程海断裂带

该断裂带又称金河—箐河深断裂带或箐河断裂带，北起石棉，向南经冕宁里庄、金河进入本区红宝—箐河—温泉一线后，插入云南永胜与程海深断裂相连，省内长逾300km，其展布方向北段为近南北向，南段为北东向，总体呈向南东凸出的弧形，为康滇构造带与盐源—丽江带的分界断裂。

断裂带断面波状起伏，均倾向北西，倾角一般为35°～45°，其间逆掩体、冲断片及紧密褶皱发育，它们自北西向南东逆冲叠覆构成盐源推覆构造的前峰冲断带。其中，作为该断裂带最主要的箐河边界断层，其破碎带宽50～200m，由碎裂岩、构造角砾岩等组成，沿断裂带具平行于主断裂的一系列小断层、构造透镜体、网脉状重晶石脉与石英脉，局部见平行断层产出的辉绿岩脉；构造节理、劈理发育，岩层常见拖拽现象，断面上有时见近东西向的斜向擦痕，断层北西盘上震旦统等地层逆冲于南东盘二叠纪玄武岩或上三叠统宝顶组陆相含煤地层之上，形成剖面为楔形、平面上为扁透镜状的断片，在云南阿比里至盐边的冷山和岩风箐一带见古生界逆冲在古近系丽江组(红崖子组)之上。国胜断层在距箐河断层约5km之西侧平行展布，断层挤压破碎带宽约50m，其西盘拖拽褶曲常见。

断裂带北西侧褶曲多被不同程度破坏，且受断裂影响，褶曲形态、位态变化较大，并常见由断裂派生褶曲，在北段择木龙一带，褶曲呈雁列式排列。箐河等地断裂以西发育一系列轴向为北西并向南西凸出的弧形褶曲，结合断裂带南东侧多处出现的水平旋扭构造，表明断裂带具明显的左行水平扭动特征。因此，金河—程海断裂带为具有脆—韧脆性变形特征的左行平行-逆冲推覆断裂带，其推覆活动发生于印支期，定型于喜马拉雅期，从盐源一带近年频发的6级以下地震及沿断裂带展布的金河、温泉等地温泉来看，该断裂带挽近和现代仍有较强烈的活动。

金河—箐河断裂带是扬子陆块与松潘—甘孜陆缘活动带间的推覆构造带，也是一条被掩盖了的晋宁期板块潜没带，晋宁期以来直至华力西—印支—喜马拉雅期都有强烈活动，并对两侧沉积建造、岩浆作用、构造活动具明显控制作用，演化历史悠久，主要表现为下述几点。①中、晚元古代为大洋与东侧火山弧间的结合带。②古生代以来两侧的构造环境明显不同，成为控制两侧沉积建造的一条边界断裂或同沉积断裂。西侧，从上震旦统至二叠系，除缺失个别世地层外，基本是一套连续的海相沉积；东侧，除局部分布上震旦统、下寒武统、中及上泥盆统、二叠系外，古生代其余时期则处于隆起剥蚀状态。三叠系，断裂西侧为一套厚达4000余米的滨海相红色陆源碎屑岩及蒸发岩建造，东侧为丙南组红色类磨拉石建造及大荞地组、宝顶组灰色复陆屑建造。③二叠—三叠纪则是调整西部弧后盆地中诸裂谷系活动的强烈扩张区和扬子稳定陆块之间的一条陆内转换断层，是攀西大陆裂谷的西界深断裂。其在晚二叠世裂谷发育期，伴随泛扬子陆块解体而沿断裂带发生强烈东西向拉张，先在断裂带西侧大陆边缘斜坡上形成中二叠世的树河组碳酸盐重力流沉积，尔后张裂加剧、陆壳破裂，成为幔源玄武岩浆喷发和上侵的主要通道，沿断裂带及附近华力西晚期基性—超基性小岩体及晚二叠世峨眉山玄武岩发育，其延伸方向与断裂带走向一致，在本区北部邻区盐源平川一带形成一个喷发中心。玄武岩厚达3230m，其余地区一般厚1000～1500m，构成攀西地区华力西—印支期SN向构造——岩浆带中最西部的构造——岩浆亚带；早、中三叠世及晚三叠世早期，控制盐源盆地海相三叠系沉积。④晚三叠世中期直至喜马拉雅期，控制金河等箕状断陷盆地的沉积(盆缘同生断层)，沿断裂带东侧因陆内汇聚作用造成的地壳大幅挤压缩短而形成内陆断陷盆地(前陆盆地)，沉积厚数千米的中生代灰色、红色复陆屑建造。喜马拉雅期最终转化为木里—盐源推覆构造的前锋冲断带，完成其先张后压的形变演化过程。其推覆活动始于印支期末，由于巴颜额拉弧后盆地褶皱隆起，强烈的近南北向挤压，使物质向东挤出，陆壳内发生拆离、滑脱，在龙门山—箐河前缘地壳大量缩短而形成推覆构造带。在燕山、喜马拉雅期仍有继承性推覆活动。

4.攀枝花大断裂

该断裂带呈近南北向“S”形展布，向北在白岩脚交于金河—箐河深断裂带，向南延入云南，长约110km。该断裂在基底与盖层间或盖层内通过，由一组中高角度逆冲断层组成。其北段(务本以北)主要发育于基底与盖层之间，由数条西倾倾角达50°～80°的叠瓦状逆冲断层组成宽近10km的冲断带，冲断带向北和向南均逐渐收敛，向西凸出呈弧形，与其间同向背向斜曾一道被称为林蛇旋卷构造，西盘基底杂岩及盐边群逆冲于Z～J不同时代地层上，具推覆构造带特征，在格里坪附近形成一系列飞来峰，后期被改造。南段主要发育于华力西期基性及碱性侵入岩内或该类侵入岩与震旦系—上三叠统宝顶组之间，断面分别东倾与西倾，倾角50°～80°构成一对冲构造。南、北两段构成一总体向西倾斜、北向西凸出，南向东凸出的“S”形断层，局部显枢纽性质。据地壳深部物探资料，该断裂带为一条深切至上地幔的深大断裂。这也可从沿断裂带分布并受其控制的华力西晚期玄武岩与基性、碱性岩得到佐证。

沿断裂带挤压破碎现象明显，破碎带宽12～30m，由构造角砾岩、构造透镜体及碎裂岩组成，局部有石英脉贯入。两盘地层扭曲，带中具糜棱岩化、高碳化、石墨化等动力变质现象，沿滑动面常见凸镜状之断层泥及劈理化，错动明显，东盘见次级褶曲，褶曲轴面走向呈北东向，与主断裂斜交，结合其他变形标志指示断裂具左行扭动(平移)，其地表断距为2km，深部断距0.5～0.6km。

攀枝花断裂多期活动对华力西期以来岩浆活动、沉积作用的控制明显，甚至对中元古代盐边群的分布也有控制作用，它很有可能是澄江期超级古大陆解体时，盐边群自峨边群中分裂并向南滑移的东界断裂(裂谷)。在华力西晚期，由于攀西大陆裂谷的发育，攀枝花断裂具强烈张裂活动特点，控制了幔源玄武岩浆的上升与喷发、侵入，使峨眉山玄武岩及著名的攀枝花层状基性岩体(产钒钛磁铁矿)、务本碱性岩体等沿带产出；早三叠世，在持续的引张构造环境下，断裂带东、西两盘分别强烈断陷，形成红坭和宝顶两个断陷盆地的雏形，沉积丙南组红色类磨拉石建造；经中三叠世的隆升剥蚀后，于晚三叠世进入强烈差异性升降的张性活动阶段，作为边界同沉积断裂，使前述红泥和宝顶两个断陷盆地进一步发展、成熟，沉积厚达4000m的大荞地组、宝顶组灰色含煤复陆屑建造，侏罗纪及白垩纪进一步拗陷，形成红色复陆屑建造；在喜马拉雅早期，受区域性东西向挤压应力作用及西部金河—箐河断裂带、木里—盐源推覆构造活动的影响，攀枝花断裂转化为兼具左行扭动的逆冲(推覆)断裂带并最终定型。其“S”形的特殊形态，可能主要受控于西侧基底与基底断裂的形态及其所影响的局部应力场，同时也是其长期尤其是华力西期张裂活动的真实反映。

5. 宁会大断裂

宁会大断裂呈北东向展布，向南西即折转为北北东向交于磨盘山断裂带上。断裂发育于前震旦纪—中生代地层中，断面呈舒缓波状，倾向北西，倾角38°～83°，破碎带宽数至数十米，据东部邻区擦痕等变形资料显示，其属右行逆平移断层，定型于喜马拉雅早期，后期局部叠加反扭而使断裂北西盘产生左行斜落。该断裂可能是沿西与南北向构造配套的北东向剪切破裂面而发育起来的，成长较晚。该断裂与南北向磨盘山断裂带相交，由于其顺扭运动，阻挡了磨盘山断裂带的反扭运动，形成磨盘山断裂带两盘相对缓慢蠕动的闭锁区，应力易于积累，从而导致1955年6.7级地震的发生。

(二)大型构造对成矿的控制

本区南北向断裂是岩石圈反映活动的深大断裂，其主要发展阶段在晋宁期、华力西期和印支—燕山期。该断裂包括小江、箐河—程海断裂带，安宁河深断裂带，磨盘山—昔格达—磨盘山断裂带，及次一级的一些断裂。南北向断裂大部分纵贯四川、云南两省，绵延200～300km。南北向构造带对区内各种矿产，特别是含钒钛磁铁矿层状辉长岩杂岩体产出条件、分布规律的控制作用十分明显，主要有三方面的控制意义：

(1)南北向延伸的康滇构造隆起带，具有一级构造控岩控矿意义，对岩浆岩和各种内生、外生、变质矿床起了定向的作用；

(2)南北向的边缘深大断裂，具有二级控矿意义，对基性超基性岩体群起了定带的作用；

(3)区内基性超基性岩体沿南北向断裂呈断续带状展布，似与追踪断裂剪切拉张开裂转弯部位相吻合，这种部位对产钒钛磁铁矿的辉长岩层状杂岩体起了定位作用，具有三级控矿意义。

其中，金河—箐河深大断裂，南北延伸600余千米，断裂带宽达10km以上，据有关资料，深切到上地幔层。攀枝花深断裂是追踪一组“×”构造形成，断裂仅出露60km，南北两端均被新岩层掩盖。区内南北向深断裂均已得到地球物理(磁力、重力等)

和地震方面资料所证实。

安宁河深断裂带大体呈南北向平行展布。组成基底的岩石包含康定杂岩、会理群、盐边群等各类变质-杂岩带。安宁河深断裂带从古生代—中生代—新生代均具有强烈活动性，是晋宁旋回以来的构造活动带。连同其两侧的古生代凹陷一体考虑，则本区实为一个大背斜轴部，安宁河深断裂带恰为轴脊。早古生代时期(可能始于泥盆纪)，随背斜轴部的上隆作用，脊部发生纵向张裂陷落，形成安宁河深断裂带，其下的地幔循涌而加速了张裂作用。地幔物质侵位沿该带(安宁河深断裂带)的一些地方形成了攀枝花、红格、白马、太和等的基性含铁钛钒层状辉长岩侵入(2.65 亿~2.52 亿年)，晚二叠世时期发生玄武岩的喷溢，造成铺天盖地的峨眉山碱性拉斑玄武岩。晚三叠世时期，则有以花岗岩体为代表的中酸性岩侵入。沿该带基性与酸性岩发育而无中性岩分布，构成所谓“双模式火山岩套”。这一特征，正好反映着该带古生代以来的大陆裂谷性质。该带中-新生代及现今地质时期，都是强烈活动带。

北北西向构造有西昌—宁南等断裂，北东向有宁南—会理等断裂，以及其他更次级的一些断裂。区内不同性质，不同规模，不同方向产状和不同力学性质的各种断裂，随地质历史的演化，呈现挤压、拉张、相互交替，以及相伴的岩浆激烈活动的影响，造成了川滇构造带上错踪复杂的构造格局，为川滇构造带提供了有利的成矿地质条件。

三、大地构造演化特征

(一)康滇古岛弧褶皱带的形成

康滇断隆带在前中元古代漫长的构造发展过程中，形成了以“康定杂岩”为代表的一套结晶基底岩系。这套岩系的分布，北起康定与泸定之间，南延经冕宁笔架山、西昌磨盘山，直到云南元谋、新平和元江一带，这是一套经历角闪岩相—麻粒岩相变质作用的岩石，主要由斜长角闪岩、云英闪长片麻岩、麻粒岩和各种混合岩类岩石组成，夹少量绿岩带残留体，以发育有小型塑性-流动褶曲构造以及含有鞍山式条带状磁铁石英岩和角闪石质磁铁矿透镜体为特征。

关于这套古老的基底杂岩形成时代，据中国科学院贵阳地球化学研究所(后简称贵阳地化所)在滇中昆阳群因民组砂岩采得磨圆锆石单矿物用 U－Pb 法测得同位素年龄为 18.05 亿年。此外，贵阳地化所对九龙李伍的斜长角闪岩，用 K－Ar 法测得变质年龄值为 19.50 亿年；成都地质学院(现成都理工大学)九室用 K－Ar 全岩法测得米易垭口侵入这套杂岩中的橄辉岩年龄值为 19.58 亿年，冕宁桂花村橄辉岩年龄值为 17.38 亿年。从上述数字看，本区很可能存在比中元古界会理群更老的结晶基底岩系，这就是我们把“康定杂岩”及与其相当的“大田组”和“普登组”暂置于下古界或太古界的理由。推测它很可能是从近侧的川中古陆核分裂出来组成康滇古岛弧的陆壳结晶基底。

1. 构造岩相带

中元古代始，由于西边古洋板块向东侧的康滇地背斜古岛链之下俯冲消减，产生了类似现代西太平洋型活动大陆边缘的海沟-岛弧-弧后盆地复合体系，因而开始出现明显的岩相－建造分异，即自西而东大致可分出以下三个不同的构造岩相带。

(1)西缘盐边弧前盆地沉积带，以出露于盐边地区的“盐边群”蛇绿岩套及复理石沉积组合为代表，厚逾万米。“下盐边群”由具堆晶结构的高家村超镁铁-镁铁质岩体(K－Ar法表面年龄12.17亿年)、顺层产出辉绿岩和具枕状构造的变玄武岩、间夹中酸性火山岩及碧玉岩等组成发育较好的蛇绿岩套层序，代表弧前盆地基底的古洋壳残片。“上盐边群”底部由具水平纹层理的黑色炭硅质板岩组成，厚近百米，代表沉积幅度大而沉积厚度小的非补偿性大洋盆地前复理石沉积；中上部由具粒级递变层理的火山凝灰质和陆源碎屑杂砂岩与炭泥质板岩组成韵律交互层，厚达5000余米，是一套典型的复理石沉积组合，在剖面顶部的复理石砂板岩中，见间夹有安山-英安岩砾石组成的再沉积砾岩；在以板岩为基体的岩层中杂乱包裹有白云岩的外来岩块，显示弧前复理石沉积盆地重力流沉积及泥砾混杂堆积的特征。在蛇绿岩套的超镁铁质岩中发现有铜镍硫化矿床(盐边冷水箐)。

(2)中央古岛弧带，为火山-深成岩浆弧带，是在“康定杂岩”组成的陆壳结晶基底上发展起来的。它先是覆以会理群河口组和大红山群的拉斑质(TH)细碧角斑岩系的火山-沉积组合(元谋姜驿钠长浅粒岩中锆石U－Pb法测定年龄值17.25亿年)，伴有会理河口小型辉长岩和拉拉厂斑状石英钠长岩次火山岩体。这套火山-沉积岩系代表初始水下弧的深水相由中心式喷发活动。随着时间的推移，古火山弧不断加积壮大，出现代表岛弧发展中期海底喷发的昆阳群黑山头组富良棚段的拉斑＋钙碱性(TH＋CA)玄武-安山岩质火山岩(全岩Rb－Sr等时年龄值(16.05 ± 0.27)亿年)，直至演化到岛弧发展晚期会理群天宝山组钙碱性(CA)英安-流纹质的火山-沉积岩系(会理洪川桥火山岩全岩Rb－Sr等时年龄值(9.067 ± 0.185)亿年)，伴以同源花岗岩类的大规模侵位；它们北起四川泸定，向南延经黄草山、泸沽、摩挲营、长塘、直抵云南峨山，组成一条规模宏大的南北向古火山-深成岩浆弧，与初始火山弧发育有关的成矿作用形成的火山岩型铁铜矿床是区内具有重要工业价值的矿产资源之一。此外，与岛弧发育晚期钙碱性火山-深成活动有关的成矿作用形成天宝山组地层中的类似日本黑矿型的多金属硫化物矿化显示，以及以会理岔河式岛弧型锡矿为代表的岩浆期后接触交代-热液型锡石硫化物矿床。

(3)东侧凉山—昆明弧后盆地活动型沉积带，该带广泛分布于古火山-深成岩浆弧后缘的峨边(峨边群)、泸沽(登相营群)、会理—会东一带(会理群通安组—凤山营组)以及云南东川至滇中地区(昆阳群)，它们均以发育大量富含迭石的碳酸盐岩和具波痕斜层理的纯净石英岩以及薄层条带状砂泥质类复理石沉积组合为共同特征，其中间夹少量中基性和酸性火山岩及火山碎屑岩，并伴有例如会理兴隆超镁铁质的蛇纹岩体以及东川汤丹辉长岩、元谋丙令辉长岩和武定迤纳厂辉绿岩等为数众多的小型基性岩体群。根据近年来会理群和昆阳群获得的大量同位素记年资料来看，这几套浅变质岩系的原岩沉积年龄时限大致为(17.5±0.5)亿～(8.5±0.5)亿年。如昆阳群落雪组三件普通铅同位素所得年龄值达17.08亿年、17.60亿年和17.94亿年，平均年龄值为17.55亿年。由成都市地质矿产研究所用Rb－Sr全岩法测得会理群凤山营组底部年龄为15.40亿年。从上述地层沉积和岩石组合特点来看，这些浅变质岩，显然代表弧后盆地陆棚浅海至滨海相沉积；同时说明在弧后海盆形成和发展过程中，地壳具微型扩张，导致上地幔及其分熔物质喷发到海底和侵位于上覆地层中。在弧后盆地的沉积地层中，盛产有著称全国的东川式层状铜矿以及滇中和会理、会东、泸沽一带星罗棋布的多层位层控磁、赤(菱)铁矿床(滇中式、凤山营式)。

2. 古岛弧褶皱带的形成

中元古代末期，在西边古洋板块的进一步向东俯冲挤压作用下，发生了席卷全区的晋宁造山运动，使康滇弧沟系沉积强烈皱起，形成南北向挤压性古岛弧褶皱带。至此，康滇古弧沟体系封闭，转化为科迪勒拉型的活动陆缘山弧。与此同时，川滇两省一脉相承的几条南北向压性主干断裂带，如箐河—程海、攀枝花—楚雄、昔格达—元谋、安宁河—易门、普雄河—普渡河和甘洛—小江断裂带，还有与其配套的北北东和北北西两组剪切断裂网格应运而生；并伴有晋宁期变质年龄为8.50亿年左右的绿片岩相区域动力变质作用。

晚元古代早震旦世是康滇构造带地史进程中的过渡时期。经澄江期断块运动，康滇古岛弧褶皱山系整体块断上升而成为后造山裂谷带，山前拗陷里充填了表明一次巨大构造运动期后的澄江组陆相红色磨拉石。山弧内部的后造山裂谷盆地中则堆积一套巨厚的陆相钙碱性火山岩-火山碎屑岩系：下部的苏雄组以英安-流纹质火山岩为主，Rb－Sr全岩等时线年龄为8.22亿年，间夹基性火山岩；上部开建桥组为富含火山物质的陆相火山碎屑岩系。

经澄江断块运动后，康滇古岛弧褶皱带进一步固结硬化，陆壳发育达到完全成熟的程度，最后完成由洋壳向陆壳的转化，而与川中古陆核并合一体，组成统一的扬子大陆古板块，并为后来古大陆的破裂解体以及后大陆古裂谷作用的发生奠定了刚性的大陆基底。

(二)裂前复背斜隆起

晚震旦世始，康滇构造带开始了板内稳定的发展阶段。康滇大陆在经历了长期的侵蚀以后，开始接受盖层积沉。上震旦统观音崖组及灯影组作为第一个沉积盖层，显著的角度不整合超覆在前震旦纪变质岩系之上。震旦系以至古、中生代地层均呈平行叠置，其间存在多个间断面，主要表现为假整合接触关系，未见任何区域性角度不整合现象。由此说明，震旦纪—中生代，区内处于非造山构造环境，主要表现与拉张破裂有关的地裂运动，而未曾发生与挤压褶皱相联系的造山运动。

晚震旦世—早奥陶世，是相对平稳的发展时期。此期间，本区处于稳定降升状态，岩浆活动不明显，断续沉积了一套层序残缺不全，但岩相厚度较均一的稳定型陆源碎屑泥质沉积与陆表海台地碳酸盐岩组合。在每个海侵岩系的底部，依次形成铁、锰、磷、铝煤等矿床组合，如下震旦统的铁、锰、磷组合。

中奥陶世开始，即出现重要的构造转折。上地幔局部熔融的玄武岩浆开始上升，打破了长期以来相对平稳的陆块发展状态，导致上地壳发生穹状隆升。从此揭开了裂前背斜隆起序幕，使若隐若现的康滇岛海变成由一个个隆起连成的一条南北向古陆隆起带，成为孕育大陆裂谷带的胚胎。证明这点的是，康滇背斜轴部地带普遍缺失中奥陶世至泥盆、石炭纪的地层沉积；两侧相辅而行的凉山—昆明和盐源—丽江拗陷带，则发育较全的古生代海相沉积地层。伴随康滇背斜成穹作用而来的是沿背斜隆起的轴部地带先成的基底断裂体系发生张性松弛“事变”，顺南北向主干断裂带分布的加里东晚期，分异良好的小型超基性岩体群(K－Ar 等时年龄 3.77 亿～4.01 亿年)便由上地幔物质建张性断裂上升形成。与此期超基性岩体侵入活动有关的成矿作用，有会理力马河和元谋朱布等岩全为代表的硫化铜镍－铂矿床。

(三)古裂谷带的发生

大陆解体出现裂谷时，通常呈现一种三叉破裂的构造形式。南北向的康滇大陆古裂谷带，北东向的龙门山原大洋裂谷及北西向的道孚—炉霍中脊裂谷共同构成了纵贯川滇南北的“Y”型三叉裂谷系。康滇大陆古裂谷带孕育于加理东晚期，发生于华力西期，发展于印支—燕山早期，消亡于燕山晚期；龙门山原大洋裂谷，中晚古生代大扬子聚古陆板块发生破裂和漂移形成；道孚—炉霍中脊裂谷是松潘—甘孜边缘海扩张中的。康滇大陆古裂谷带，事实上是范围更加扩大了的川滇三叉裂谷系的一支已停止发展而消亡的裂谷。以人们所公认的非洲大陆解体时形成现存的非洲—阿拉伯三叉裂谷系作为范例加以比较，则中晚古生代龙门山线形张裂海槽，相似于现今苏伊士湾或红海；二叠—三叠纪道孚—炉霍边缘海扩张脊，类似于亚丁湾，泸定边缘裂陷槽到康滇大陆裂谷带，对应于塔朱腊湾小型支裂陷延入东非大陆的裂谷带；由大扬子聚合古陆板块分裂出去的阿坝地块，对称于阿拉伯半岛；金汤弧区则相当于阿法尔三角地带。二者模式何其相似，与其说是偶然巧合，不如把它看作是偶然之中包含着必然的内在联系。下面即就康滇大陆古裂谷带的发生与产钒钛磁铁矿田的层状侵入体的侵位机理和分布规律作一概述。

始于中奥陶世的裂前复背斜隆起，当延续至泥盆纪末石炭纪初时，随着上地幔物质的大量上涌，康滇复背斜成穹作用愈演愈剧，古陆隆起带范围空前扩大，致使上地壳逐渐减薄，在引张作用下发生严重的破裂。先是生成盐源—丽江陆源海，康滇古陆西缘成了锯齿状张裂的被动大陆边缘，沉积了一套晚古生代到三叠纪的海相陆源碎屑岩-碳酸盐岩-蒸发岩的沉积组合；继而复背斜轴部隆起地带，则沿袭基底先成的南北向主干断裂系以及北北东和北北西剪切断裂网格，形成两支南北向追踪型断裂谷。东支为安宁河裂谷，由昔格达—元谋和安宁河—易门两条边界断裂组成；西支为攀枝花裂谷，由攀枝花—楚雄和箐河—程海两条边界断裂组成。确定这两支裂谷的根据是：海西至燕山期裂谷型岩浆杂岩带，呈锯齿状展布；航磁 ΔT 等值线呈现北北东和北北西拐折并顺南北方向的串珠状排列；此外，作为标志康滇大陆裂谷作用发生的重要地质事件是，华力西期偏碱性玄武岩浆的大规模侵位和喷溢活动，构成著名的西南暗色岩套。

华力西早期产攀枝花式钒钛磁铁矿床的层状基性—超基性杂岩体沿裂谷带锯齿状拉开地段的侵位(K－Ar 等时年龄为 3.39 亿年)，形成空间上对称分布的两条南北向钒钛磁铁矿带。正是裂谷拉张的有利构造环境，加之裂谷带的间歇性扩张活动，致使来自上地幔的玄武岩浆出现脉动性补给作用，从而形成具韵旋回的层状基性—超基性侵入体；同时，由于非造山裂谷带是相对宁静的构造环境，有利于岩浆进行充分的结晶重力堆积，因而生成具有堆晶结构的层状侵入体。这就是我们对康滇大陆裂谷带具有韵律旋回和堆晶结构的层状侵入体生成机理的基本认识。

由此，从大陆裂谷构造控岩控矿的观点出发，本书特别对康滇古裂谷带上几个具有重大工业价值的钒钛磁铁矿田分布规律提出以下几级控矿的初步认识。

(1)南北向裂前复背斜隆起带，限制钒钛磁铁矿成矿区(带)的展布。纵观川滇南北构造带上，有产钒钛磁铁矿的层状基性—超基性杂岩体，分布于北起冕宁、向南延经西昌、德昌、米易、渡口过金沙江直至元谋安益一带；含矿层状杂岩体成群出现，构成一条总体呈南北向延展 300 多千米的钒钛磁铁矿成矿带，这些为数众多的岩体群，只限制在康滇复背斜隆起带上；重力布格异常表明，这同时是一条上地幔隆起带。同属川滇南北构造带与复背斜隆起带相辅而行的两侧台向斜拗陷带，则未见任何含矿层状杂岩体产出。这一简单事实说明，康滇南北构造带上的复背斜隆起带既是孕育大陆裂谷的胚胎，又是含矿层状杂岩体发育的先决构造条件和深部构造背景，它对钒钛磁铁矿成矿带的展布起着定向、定带作用，具有一级控矿构造意义。

特别值得指出的是，攀西地区是钒钛磁铁矿以及铜、镍、铂矿床较为集中分布的地区，北起西昌，南到元谋，正好是区内地壳厚度最薄的地区，又是区域重力布格异常最高值地带。从地质上看，在此范围内，古老结晶基底广泛裸露，在渡口和同德出露有组成下地壳的麻粒岩，现今地表分布有较多的幔源基性、超基性岩体，显示区域性的地幔异常现象。据此可以推测，这可能是一个残存的古地幔柱的显示；攀西地区钒钛磁铁矿成矿集中区，显然受此深部构造的控制。

(2)复背斜隆起带轴部的古裂谷带，控制钒钛磁铁矿的分布。从含矿层状杂岩体的分布和产出情况来看，它们具有成带分布和对称产出的特点。所见含矿层状杂岩体都不是直接产在某一条断裂带上，而是位于轴部裂谷内，超越轴部裂谷范围，则无含矿岩体出露。例如东支的安宁河古裂谷，分布有太和、白马、红格几个矿田以及一系列矿点和航磁异常；西支的攀枝花古裂谷，主要有攀枝花矿田、萝卜地以及元谋塔底等矿点。据此，我们可以比较准确地圈定两条南北向平行展布的钒钛磁铁矿成矿远景区(带)。

(3)古裂谷带中的锯齿状剪切拉开地段决定钒钛磁铁矿田的具体产出部位，裂谷带中的含矿层状杂岩体并非普遍分布，而是断续出现，分段集中。区内几个大型钒钛磁铁矿床，都毫无例外位于裂谷带中呈锯齿状剪切后拉开这一特定的地段内，如太和、白马、红格等矿田，分别赋存于安宁河古裂谷带冕宁至西昌及德昌茨达至会理红格两段呈北北东和北北西向的锯齿状剪切—拉开地段。而攀枝花矿田，则位于北北东拉开地段。此外，红格含矿层状侵入岩体南缘与围岩的接触界线，明显迁就“×”型扭剪面作折线状分布，说明受追踪张性断裂的控制。显然，这样的地段，无疑是构造上启开较大的部位和处于相对稳定的环境，它一方面为岩浆的侵位提供了广阔的空间；另一方面有利于玄武岩浆进行结晶重力堆积，形成分异良好和显示韵律层结构的含矿层状侵入体。由此，这种锯齿状剪切拉张构造，对钒钛磁铁矿田的产出起着定位的作用，具有第三级控矿的构造意义。

继层状侵入体侵位之后，随之而来的是沿云、贵、川广大张裂带，始于早二叠世，主要是晚二叠世的峨眉山玄武岩铺天盖地的喷溢活动(K－Ar 等时线年龄为 2.53 亿～2.30 亿年)。这是康滇大陆裂谷发生史上最为壮观的地质事件，形成由玄武角砾岩—致密状玄武岩—斑状玄武岩—气孔杏仁状玄武岩夹多层火山碎屑岩等组成多个火山喷发旋回；覆盖面积近 30 万 km^2，厚达数百米至 5000 多米，形成巨大高原型熔岩台地。到华力西晚期—印支早期，由于深层岩浆室的两极分异，导致产生正长－粗面质岩浆的侵位，形成西昌太和、米易白马、会理白草、路枯和渡口攀枝花正长岩体，它们在某种程度上侵吞和破坏了先成的含矿层状侵入体。在渡口务本及二滩地区，尚见有碱性粗面岩—碱流岩—熔结凝灰岩及菱长斑岩的陆相中心式喷发，构成大陆裂谷带特征双模式火山岩套，在裂谷肩部相对稳定的地块上，则为同时期的霞石正长岩(会理猫猫沟和宁南溜沙乡)以及环状碱性超基性杂岩(德昌大向坪和武定水井箐)的组合。与峨眉山玄武岩系有关的矿产，主要是铜铁矿床。例如昭觉瓦卡木和盐源苦荞地铁矿，均产于玄武岩系底部海相火山碎屑-沉积岩夹层中，属火山-沉积型；而昭觉乌坡和盐源水关箐等地的铜矿，则充填于上部熔岩气孔和构造裂隙以及火山角砾岩中，属火山喷气矿床。西昌长村和会理白草—路枯等地，与层状岩体紧密伴生的正长伟晶岩、钠长岩以及花岗伟晶岩脉群中，赋存有烧绿石-锆英石型和铌钽钽矿-褐钇铌矿-锆英石型的铌、钽、锆等稀有金属矿床。

(四)古裂谷带的发展与消亡

中生代特别是印支运动时期，康滇大陆裂谷带的演化发生了巨大变革。由于西边的甘孜—理塘断裂带仅向南西义敦古岛弧俯冲消减，致使盐源—丽江边缘海关闭，造成了广大的甘孜印支期褶皱山系；处于扬子前陆地带的康滇大陆裂谷带随之急剧隆升，从此结束海侵历史。与此同时，北边阿坝地块向南漂移，并沿龙门山北川—盐井坪地缝合线与扬子陆块发生左旋斜向滑动磁撞，扬子大陆板块斜冲插入阿坝地块之下，形成了前龙门山褶皱冲断带和龙门山前巨大的构造推覆体及奇异的飞来峰群，山前地带出现了深洼的川西拗陷带，即大陆型“海沟”。向南漂移而来的“刚性”阿坝地块，呈三角形楔性的金汤弧区形成弧顶向南凸出和逆掩的金汤弧形褶皱冲断带。正是由于阿坝地块主动地向南楔入，造成强大的南北向挤压力，促使康滇大陆裂谷带在隆升过程中进一步张裂断陷，造成高原山地与深洼湖盆的分野，于晚三叠世开始康滇大陆裂谷分地的发展史。在裂谷盆地中堆积了厚达数千米到10000～20000m的中生代陆相红色类磨拉石-含煤类磨拉石建造-含铜膏盐红色沉积组合。

晚三叠世始，先是在西部裂谷盆地带的渡口—红坭箕状断陷盆地内，堆积了丙南组山麓冲积扇相和晚三叠世大荞地组河流相的含煤砂页岩沉积，夹多层次工业煤层(白果湾群、一平浪群)，构成会理益门、攀枝花宝顶以及云南一平浪地区具重要工业意义的煤田。从晚三叠世宝顶期开始，随着上地幔的热衰减和上覆岩石圈的均衡调整，出现区域整体沉降作用，东西裂谷盆地带顺走向伸展和沿横向扩展成统一的内陆拗陷盆地带，其中填充了广泛超覆在变质基底之上的上三叠统宝顶组—下白垩统飞天山组一套河湖相红色砂岩泥岩夹泥灰岩的含铜下红层组合。

晚白垩世开始，裂谷盆地受到侧压隆升而逐趋萎缩，湖水不断浓缩咸化，发育了一套含膏盐的上红层组合，形成会理—会东及滇中红盆广泛分布的层控砂(砾)岩型铜矿及石膏-钙芒硝-岩盐矿床。与此同时，由于深层残余岩浆室继续发生分异，生成了德昌茨达、西昌太和及冕宁里庄的碱性花岗岩及英碱正长岩组合((1.10～0.8)±0.1亿年)。与碱性花岗岩有关的成矿作用主要有稀有稀土和放射性萤石等矿产。到了燕山运动晚期，康滇大陆古裂谷带的演变进入一个新的构造转化时期。随着印度次大陆的到来以及与欧亚大陆的最终碰撞，古裂谷带遭受强大的东西向侧压作用，使古近纪以前的沉积和层状侵入体一起卷入剧烈的形变，生成今日所见的以褶皱冲断带为主要特征的川滇南北向挤压构造带。原来侵位呈近水平层状或岩盆状产出的含矿层状侵入体，经构造掀斜和逆冲，成了现在地表看到单斜层状体。晚古近纪崖组巨厚块状灰质巨砾岩组成陆相磨拉石堆积在山前拗陷或山间盆地中。至此，康滇大陆古裂谷带消亡，成了一支停止向大洋发展而残留在康滇大陆地体上名符其实的大陆古裂谷带。

第二节　区域地质特征

一、地层

根据《四川省岩石地层》，本区地层区划主体属华南地层大区扬子地层区，西北部跨巴颜喀拉地层区西(北)至东为巴颜喀拉地层区玉树—中甸地层分区木里地层小区，扬子地层区丽江地层分区、康定地层分区、上扬子地层分区峨眉小区。地层分区和划分如图2-2和表2-1所示。

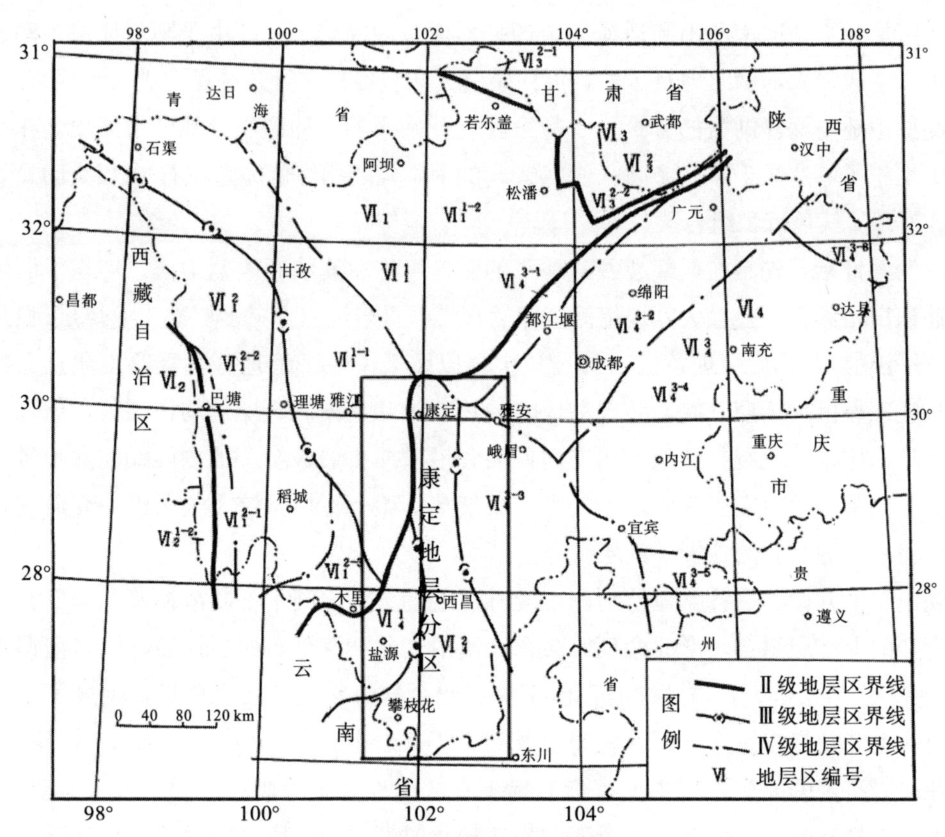

图 2-2　四川省地层区划图

表 2-1　四川省攀西地区岩石地层划分简表

地质时代	丽江分区	康定分区	上扬子分区 峨眉小区		木里小区		年代地层
新近纪	盐源组	昔格达组	凉井水组				新近系
古近纪		雷打树组	芦山组				古近系
	丽江组		名山组				
			灌口组				
白垩纪		小坝组	夹关组				白垩系
		飞天山组	天马山组			K1	
侏罗纪		官沟组				J3	侏罗系
		牛滚凼组					
		新村组				J2	
		益门组	新田沟组				
			自流井组			J1	
三叠纪	白土田组	白果湾组	须家河组			T3	三叠系
	松桂组	大荞地组	垮洪洞组	马鞍塘组	喇嘛垭组		
	中窝组	丙南组		天井山组	图姆沟组		
	白山组				曲嘎寺组		
	盐塘组		雷口坡组		马索山组	T2	
			嘉陵江组		三珠山组		
	青天堡组		铜街子组		领麦沟组	T1	
			飞仙关组				
二叠纪	黑泥哨组	宣威组	龙潭组		冈达概组 卡翁沟组	P	二叠系
	峨眉山玄武岩组						
	阳新组			茅口组			
				栖霞组			
	树河组			梁山组			

续表

地质时代	丽江分区	康定分区	上扬子分区/峨眉小区		木里小区		年代地层
石炭纪	黄龙组		黄龙组		邛依组	C	石炭系
			总长沟组				
			马角坝组				
泥盆纪	干沟组		茅坝组			D3	泥盆系
			沙窝子组				
	烂泥塘组		观雾山组			D2	
	曲靖组		养马坝组				
	坡脚组	缩头山组	甘溪组			D1	
	坡松冲组		平驿脯组				
志留纪				车家坝组		S4	志留系
	中槽组		回星哨组			S3	
		大路寨组		韩家店组		S2	
	稗子田组	嘶风崖组					
		黄葛溪组		石牛栏组	米黑组	S1	
	龙马溪组	大箐组		松坎组			
			龙马溪组				
奥陶纪	宝塔组				物洛吃普组	O3	奥陶系
		巧家组	湄潭组	大湾组	瓦厂组	O2	
	红石崖组			红花园组	人公组	O1	
				桐梓组			
寒武纪		娄山关组				€3	寒武系
		西王庙组	西王庙组			€2	
		陡坡寺组	陡坡寺组				
		石龙洞组	石龙洞组				
	磨刀垭组	沧浪铺组				€1	
	长江沟组	邛竹寺组		仙女洞组			
新元古代	灯影组		灯影组			Z	震旦系
	观音崖组		观音崖组				
	列古六组	澄江组	列古六组			Nh	南华系
			开建桥组				
			苏雄组				
	盐边群/会理群/登相营群/峨边群/火地垭群					Qb	青白口系
		河口岩群	下村岩群			Jx	蓟县系?
中元古代	康定岩群		康定岩群				

攀西地区的基底分别由块状无序的结晶基底及成层无序的褶皱基底两个构造层组成：前者以康定杂岩为代表，多由中、深变质的岩浆杂岩及少量超镁铁岩组成，混合岩化作用强烈，形成于太古—早元古代；后者由变质的碎屑岩、碳酸盐岩等组成，褶皱变形剧烈，形成于中—晚元古代。

震旦系在攀西地区堆积了数千米的杂色中酸性火山熔岩及火山碎屑岩，以苏雄组及开建桥组具有代表性，以角度不整合覆于元古代褶皱基底之上；上震旦统以大套碳酸岩为主，白云岩占有优势，以灯影组具有代表性。古生界为碳酸盐岩、碎屑岩(砂、页岩)变质碎屑岩(黑色千枚岩、板岩)夹凝灰岩、条带状的灰岩、硅质岩及生物灰岩等。二叠—三叠系稳定覆盖全区，并平行不整合覆盖于古生界之上。中下二叠统以海相碳酸盐岩为主，夹硅质岩，攀西地区上二叠统在含煤岩系下部有厚大的玄武岩(峨眉山玄武岩)、凝灰岩等，偶夹火山角砾岩，最厚可超过3000m。下、中三叠统地层展布格局与上二叠统相似，自西向东由陆相紫红色碎屑岩向海相碳酸盐岩系过渡，上三叠统普遍以陆相含煤碎屑岩系为主，下部在局部地区有厚度不大的海相夹层存在。侏罗系—古近系以陆相红色砂、泥岩系为特征，新近系仅在局部不连续的小型盆地中分布，其中以攀西地区的昔格达组时限最长，厚度多在千米以上。第四系冲、洪积阶地堆积物多沿河流和构造断陷盆地分布。

攀西地区各地层分区及地层小区岩石组成及沉积建造特征如下。

巴颜喀拉地层区玉树—中甸地层分区木里地层小区：以小金河断裂为界，与扬子地层区丽江分区相邻，仅分布于本区西北一隅，位于松潘—甘孜造山带南东部，以中晚三叠世次稳定型-非稳定型复理石沉积为主夹碳酸盐岩建造。

扬子地层区丽江地层分区：属台地边缘次稳定型建造，下古生界以近陆源粗屑沉积为主，上古生界—三叠系以碳酸盐岩为主，三叠系以后地层普遍缺失，古近系以断陷盆地红色碎屑岩为主，地层厚度巨大。

扬子地层区康定地层分区：西部以箐河—程海断裂带与丽江地层分区分界，东界大体与小江断裂带及北延部分吻合。区内分布大片基底岩系，以块状无序的结晶基底(康定岩群)及成层无序的褶皱基底(会理群/盐边群)两个构造层组成，受到程度不等的变形变质作用；盖层层序不全，古生代地层大部分缺失，残留部分具近陆源特征，晚三叠世以后为中新生代陆相地层大面积超覆，为稳定型内陆灰色-红色复陆屑建造。

扬子地层区上扬子地层分区峨眉小区：震旦系火山岩发育，古生代以海相地层为主，层序发育不完整，为稳定型台地碳酸盐岩建造，中生代陆相地层具近源特征。

二、火山岩

攀西地区位于著名的康滇构造-岩浆带，岩浆岩发育，具多时代、多岩类、规模大、分布广的特点。火山岩类主要为元古代中酸性火山岩、震旦纪酸性火山岩及二叠纪基性火山岩，于本区西部、中部及东部均有分布。

本区太古代—早元古代为变质的中基性-中酸性火山岩建造，中元古代—震旦纪有两个火山喷溢旋回，下部玄武岩-安山岩-流纹岩组合，上部英安岩-流纹岩-粗面岩(局部)组合，古生代为玄武岩、碱性玄武岩为主，局部夹少量中酸性熔岩及凝灰岩，晚古生代为大面积分布的陆相玄武岩。

区内晚二叠世峨眉山玄武岩分布较广，厚度变化大。峨眉山玄武岩与含矿镁铁质-超镁铁质侵入岩是不同阶段岩浆演化的产物，在生成顺序上为超基性岩—基性岩—碱性岩。峨眉山玄武岩总体上属大陆弱碱-拉斑玄武岩建造，按照岩性组合在建造构造图上共划分了3个组合：①由致密块状、杏仁状玄武岩组成，底部有火山角砾岩；②由致密块状、杏，仁状玄武岩组成；③由杏仁状玄武岩夹致密块状玄武岩组成，底部有火山(集块)角砾岩。

三、侵入岩

(一)侵入岩期次

攀西地区主要处于四川省龙门山—攀西岩浆构造带，侵入岩主要有三个期次：①太古代—早元古代大规模钠质花岗岩浆(石英闪长岩、英云闪长岩等)侵入，晚期形成少量钾质花岗岩(二长花岗岩、花岗闪长岩等)，沿构造带有基性—超基性岩；②中元古代—震旦纪早期基性—超基性岩系列，中晚期花岗闪长岩、英云闪长岩、二长花岗岩、晚期碱长花岗岩；③古生代主要为基性—超基性岩(辉长岩、橄榄辉长岩)。

1. 太古代—早元古代侵入岩

太古代—元古代的岩浆活动以大规模火山喷溢为主，侵入岩主要分布在在米仓山—龙门山—攀西地区，钠质花岗岩呈大规模岩基，具片麻状构造；钾质花岗岩体规模小，多呈小岩株及岩墙零星分布；基性—超基性侵入岩中以基性岩为主，以岩株、岩盆、岩床产出的基性杂岩，超基性杂岩多呈透镜状及脉状，但对此尚有不同认识。例如，过去把康定群火山岩及其伴生的钠质花岗岩归属太古代—早元古代 TTG 岩套(花岗岩-绿岩带)，但近年完成的 1∶25 万宝兴幅区调将康定杂岩群解体为变质表壳岩和深成侵入体：前者由火山-沉积岩组成，为康定群；后者主要是钠质花岗岩，多为晋宁期的产物。

2. 中元古代—震旦纪早期侵入岩

晋宁期基性—超基性岩多呈岩株、岩床产出，并受晋宁期构造的控制，分布范围较局限，其中超基性岩体多沿主断裂带分布，两侧为基性、超基性杂岩体。酸性侵入岩以晋宁期钾质花岗岩为主，分布广泛但零星，均侵位于中元古界上部地层，形成规模不等的岩基。

澄江期有大规模花岗岩浆侵入，可划分为普通花岗岩，碱性长石花岗岩，碱性花岗岩三类，主要见于攀西地区北段，以岩基及岩株产出。

3. 古生代侵入岩

华力西晚期—燕山早期是四川境内岩浆活动的又一高峰期，四川西部岩浆活动尤为频繁和强烈。攀西岩浆岩带可划分为酸性和碱性两类，酸性岩浆岩带岩体多呈岩基、岩株和岩枝产出，分布于安宁河深断裂带两侧，花岗岩体常与峨眉山玄武岩相伴出露，自内向外由普通花岗岩—二长花岗岩—斜长花岗岩依次递变，碱性岩浆岩带常呈杂岩体沿安宁河深断裂带及其两侧分布，范围小而岩性变化大，大体可划分为霓霞岩，霞石正长岩、正长岩等岩类，时代多属印支期。

侵入岩中的基性—超基性岩类主要在华力西晚期形成，印支期次之。攀西地区有比较多的层状基性、超基性、中酸性和碱性侵入岩分布，以发育富铁质、铁镁质基性—超基性岩为特色，亦多呈群体、串珠状或层状体分布，在攀枝花一带富铁质基性、超基性岩常与碱性正长岩、黑云花岗岩或碱质花岗岩伴生，侵位于玄武岩中。在金沙江、甘孜—理塘、鲜水河及岷江等断裂带上，早期有蛇绿岩形成，晚期有中酸性岩浆侵入，断裂带附近的岩体规模一般很小，且多呈群体分布，岩石类型为纯橄岩、斜辉辉橄岩、蛇纹岩、辉石岩、辉长岩等。

(二)侵入岩的大地构造位置

本区侵入岩主要分布在本区中部安宁河深断裂带两侧。攀西地区层状基性、超基性、中酸性和碱性侵入岩分布较广，其中基性、超基性与钒钛磁铁矿形成有直接关系。

区内与攀枝花钒钛磁铁矿有密切关系的是镁铁质-超镁铁质侵入岩侵入体呈南北向带状分布。本区位于扬子陆块与雅江残余盆地的西南结合部，主体属上扬子陆块(二级构造单元)之攀西大陆裂谷带(三级构造单元)，其内由西向东进一步划分金河—宝鼎裂谷盆地和康定—米易中轴隆起两个四级构造单元，大地构造单元严格控制着区内岩浆岩带状分布的特征。

攀西地区共有110余个基性、超基性岩体，与矿有直接关系的二叠纪基性、超基性岩以及正长岩、碱性粗面岩-碱流岩-熔结凝灰岩主要分布在安宁河深断裂带两侧，构成醒目的攀西裂谷岩浆岩带。

(三)侵入岩浆带划分

攀西裂谷岩带侵入岩从西到东分金河—宝鼎裂谷盆地亚带、康定—米易中轴隆起亚带、江舟—米市裂谷盆地亚带，前两个亚带内是攀西地区主要亚带。

二叠纪—三叠纪在本区发生了介于碱性玄武岩与拉斑玄武岩之间的过渡型玄武岩浆大规模侵入和喷发，其间形成攀枝花、红格、白马、太和等层状基性超基性堆积杂岩体，主要分布在安宁河深断裂带两侧，构成醒目的攀西裂谷岩浆岩带；并在康定—米易中轴隆起及其两侧形成了广泛分布的峨眉山玄武岩，面积达50万km^2以上。稍晚在中轴脊线一带形成太和、白马、攀枝花和红格的正长岩以及攀枝花和务本的碱性粗面岩-碱流岩-熔结凝灰岩的组合，与含钒钛磁铁矿层状基性超基性岩的关系尤为密切。在岩浆亚带内，根据岩浆岩组合、岩体含矿特征、岩石系列、成因系列、岩石构造组合、大地构造属性等特征进一步划分岩浆岩段。

1.金河—宝鼎裂谷盆地亚带

该亚带东以磨盘山深大断裂带为界，以攀枝花大断裂为界分东西两部分，东部为攀枝花岩段是重要的含矿岩段。攀枝花岩段以基性岩为主的含矿层状侵入体，以暗色和浅色辉长岩互层为特征，钒钛磁铁矿以熔离矿床形式富集于下部暗色辉长岩层中。

2.康定—米易中轴隆起亚带

该亚带西邻金河—宝鼎裂谷盆地亚带，是攀枝花式钒钛磁铁矿的主要分布区，东以安宁河深大断裂带为界，自北向西分为太和段、白马段、红格—新街段和会理黎溪段。

太和段：南以北东东向牛角湾—交子坪平移断层为界，以层状辉长岩以及碱性正长岩和碱性石英正长岩组合为特征，钒钛磁铁矿富集于层状辉长岩中下部。

白马段：南以近东西向隐伏断裂为界，含矿岩体以层状基性岩侵入体为主，暗色和浅色辉长岩互层为特征。每个韵律近底部有少量薄层超基性岩，顶部往往有富含磷灰石的薄层斜长岩，钒钛磁铁矿以熔离矿床形式富集于下部暗色辉长岩层中。

红格—新街段：南以宁会大断裂为界，含矿岩体以超基性—基性岩侵入体为主，主要由橄榄岩-橄榄辉岩-辉长岩的韵律层组成，含矿层以岩浆分异形式富集于每个韵律的中下部。

会理黎溪段：岩段内无碱性岩、玄武岩、灯影组灰岩出露，无上述三个岩段具有的“三位一体”的特点，基性—超基性岩以非层状为特征，产铜、镍矿。

四、变质岩

攀西地区变质岩分布广泛，不同变质时期、不同变质类型、不同变质程度的岩石均较为发育，构成本区复杂多样的变质岩组合。

本区变质作用类型主要为区域动热变质、区域动力变质、动力变质、接触变质。前震旦系使原始陆壳拗陷中堆积物(康定岩群)遭受了应力强、温度较高的角闪岩相-麻粒岩相区域动力热流变质作用，生成康定岩群中各类变粒岩、斜长角闪岩等，形成扬子古陆核，变形变质强烈；而后康定岩群和河口岩群遭受角闪岩相-绿片岩相区域动热变质，定型结晶基底；晋宁运动使会理群/盐边群产生低绿片岩相区域动力变质，形成褶皱基底。印支末期在地壳收缩机制下，本区西北部及西部邻区发生低压相系绿片岩相区域动力变质，形成本区以西(松潘—甘孜活动带及其邻区)的二叠—晚三叠世浅变质岩系。

热接触变质岩主要位于晋宁—印支期岩体外接触带，接触变质带宽窄不一，岩石类型主要为各类角岩，次为硅卡岩。

动力变质岩主要沿区内各断裂带分布，在断裂带两侧形成宽窄不一的动力变质岩带，岩石类型有构造角砾岩、碎裂岩、糜棱岩、构造片岩、千糜岩等。

区内变质建造主要出现在元古代地层中，包括绿片岩建造、千枚岩-碳酸盐岩建造等，它们与攀枝花钒钛磁铁矿关系不大。需要说明的是，区内震旦系灯影组碳酸盐岩常常出现在钒钛磁铁矿附近，部分地区碳酸盐岩变质为大理岩。

第三节 综合信息地质构造推断解释成果

一、攀西地区磁异常特征

攀西地区航磁异常(包括攀枝花、红格、白马、太和四大矿异常)，异常范围大、强度大、梯度大、形态规则，一侧或周围伴生负异常。异常主要由基性岩体引起，矿异常叠加在岩体异常之上。要将矿异常从异常中分离出来，必须进行地面磁测工作，岩体的地磁异常强度仅为矿体异常的1/3～1/2，矿异常可以从叠加的综合异常中分离出来。地磁矿异常强度一般为2000～10000nT，叠加在基性岩高背景磁场之上，梯度大、变化大。

攀西地区钒磁异常带与深大断裂带密切相关，两条异常带和之间的区域是钒钛磁铁矿产出的主要地区。由南至北有两条异常带：一条为M124—M109—M99—M89—M87—M47—M45异常带，总体走向为SN向，位于东西两侧SN走向的安宁河和磨盘山深大断裂带中间地段并与之平行分布；一条为M153—M106—M77异常带，位于NNE向攀枝花大断裂带上(东侧)。上述两条异常带均位于康滇断隆基底隆起带中央地段，出露为前震旦系结晶基底、震旦系地层，基性超基性岩体分布其中。

1. 攀枝花矿区

矿区实测地磁(ΔZ)异常图显示出两条北东走向的伴生有负异常的正异常带：东边一条正异常带强度大，连续性好，并有多个局部高值异常带，勘探工作证实为攀枝花钒钛磁铁矿区，为矿体和基性岩综合引起；西边一条正异常带虽然连续性较好，但强度较小，未出现局部高值异常区，勘探工作证实主要为基性岩引起。地磁异常上延后与航磁异常特征基本对应，且东边异常带上延后强度大于西边异常带，表明矿异常特征明显，矿体向下有较大延深。从正负异常带对应特征(南东侧出现负异常)推断，矿体倾向北东。

2. 红格矿区

红格钒钛磁铁矿区由南向北包括秀水河、中干沟、湾子田、红格、马鞍山、中梁子、白草、安宁村等8个矿田区，南北长21km，宽6～12km，总面积约174km。红格矿区涉及M99、M109、M110三个航磁异常，总体显示为负磁场背景中局部正异常区(伴生负异常)，以近似等轴状异常形态为主，异常极大值为150～300nT(三个异常中心)。地磁异常以多个大片正异常区为特征(周围伴生负异常区)。每个正异常区中出现多个形态(长条状、等轴状、椭圆状等)，走向多方向(北东、南北、西西、北西等)局部异常中心。上述磁异常总体特征显示出，在岩体磁场背景上赋存的矿体向下有一定延深。同时，地磁异常形态复杂也表明，本区地质构造复杂，特别是断裂构造，致使矿体遭受破坏，导致连续性差的特征。

3. 白马矿区

白马矿区从北到南包括夏家坪、田家村、及及坪、青杠坪、马槟榔等5个矿段。地磁(ΔZ)上延异常形态范围、走向、两个局部异常中心和强度与航磁异常化极异常基本对应。整个异常显示为以南北走向的基性岩体异常为主，在正异常东侧叠加近南北走向的矿异常特征。东侧为南北向负异常区，推断岩体(矿体)向西倾，向下延深较大。

4. 太和矿区

矿区航磁地磁异常形态呈似等轴状，北侧伴生有明显负异常，推断矿体(岩体)倾向南东。

二、区域化探异常特征

由于钒钛磁铁矿在表生作用下比较稳定，不易形成高分散的次生化学晕，若用土壤金属测量方法效果不佳，但因含矿岩体内含有少量的硫化物，尤其是在岩体的下部超基性岩相中，有时也能产生一些局部的铜镍次生晕。

攀西地区地质背景复杂，岩性组合类型较多、构造发育。地球化学图显示，本区元素含量起伏变化较大，异常强度中等，局部已知矿产地仅有低缓异常显示，异常元素组合复杂。

攀西地区攀枝花钒钛磁铁矿预测区水系沉积物地区化学图显示出显著的元素分异特征，出现Ba、Bi、Co、Fe、Mn、Na、Nb、P、Sr、S、Ti、V、Y、Zn、Zr等指标的高值带，As、B、La、Li、Pb、Rb、Sb、Si、Sn、U等元素的低值带。

表2-2列出了攀西地区水系沉积物测量中40个指标的地球化学特征参数，包括算数平均值(X_1)、标准离差(S_1)，剔除异常值后的背景平均值(X_2)和标准离差(S_2)，剔除异常值前后的各指标含量的变异系数(C_{v_1}、C_{v_2})，以及相对于地壳丰度的富集系数(DD)。

表2-2　攀西地区水系沉积物测量地球化学特征参数(样品数9666)

元素	X_1	S_1	X_2	S_2	C_{v_1}	C_{v_2}	DD
Ag	120.75	474.00	80.21	30.08	3.93	0.37	1.00
Al	12.61	3.19	12.55	2.68	0.25	0.21	1.51
As	11.15	16.57	6.32	3.56	1.49	0.56	2.87
Au	2.18	7.13	1.31	0.61	3.27	0.47	0.33

续表

元素	X_1	S_1	X_2	S_2	C_{v_1}	C_{v_2}	DD
B	54.91	38.33	50.17	29.97	0.70	0.60	6.60
Ba	477.33	471.36	411.11	112.77	0.99	0.27	1.05
Be	2.33	0.83	2.22	0.62	0.36	0.28	1.71
Bi	0.32	1.07	0.24	0.11	3.35	0.45	58.75
Ca	2.62	3.16	1.16	0.82	1.20	0.71	0.22
Cd	0.42	2.86	0.20	0.09	6.76	0.44	0.99
Co	25.44	14.98	21.82	10.41	0.59	0.48	0.87
Cr	168.19	217.03	81.68	28.21	1.29	0.35	0.74
Cu	57.97	83.47	29.99	13.21	1.44	0.44	0.48
F	590.16	367.05	526.11	176.70	0.62	0.34	1.17
Fe	7.64	3.52	7.25	3.03	0.46	0.42	1.25
Hg	55.74	118.75	36.87	17.33	2.13	0.47	0.46
K	2.28	0.92	2.18	0.78	0.40	0.36	1.28
La	40.17	13.66	38.54	9.86	0.34	0.26	0.99
Li	37.08	18.22	35.16	15.23	0.49	0.43	1.67
Mg	2.43	1.76	1.96	0.86	0.73	0.44	0.70
Mn	1177.63	654.21	1078.65	485.74	0.56	0.45	0.83
Mo	0.98	1.22	0.75	0.34	1.24	0.46	0.58
Na	0.77	0.60	0.59	0.33	0.78	0.55	0.26
Nb	22.19	11.20	19.46	6.55	0.50	0.34	1.02
Ni	60.28	62.06	37.08	13.95	1.03	0.38	0.42
P	986.16	703.07	850.70	357.16	0.71	0.42	0.71
Pb	37.95	195.72	22.00	8.09	5.16	0.37	1.83
Rb	96.40	39.36	91.43	29.30	0.41	0.32	1.17
Sb	1.08	9.63	0.52	0.25	8.90	0.48	0.87
Si	58.45	11.08	58.36	10.98	0.19	0.19	2.01
Sn	4.04	9.33	3.40	0.89	2.31	0.26	2.00
Sr	112.35	97.98	73.00	29.68	0.87	0.41	0.15
Th	11.83	6.56	11.16	3.23	0.55	0.29	1.92
Ti	7912.46	5161.46	5553.25	2070.23	0.65	0.37	0.87
U	3.03	1.63	2.71	0.94	0.54	0.35	1.59
V	150.71	84.85	125.48	53.45	0.56	0.43	0.90
W	1.68	3.44	1.36	0.47	2.05	0.35	1.23
Y	27.75	9.19	26.94	7.40	0.33	0.27	1.12
Zn	111.90	238.55	84.82	25.37	2.13	0.30	0.90
Zr	309.31	120.06	288.59	76.58	0.39	0.27	2.22

表 2-2 显示，总的来说攀西地区相对富集的元素有 B、As、Zr、Si、Sn、Th、Pb、Be、Bi、Li、U、Al、K、Fe、W 等，富集系数大于 1.2；Cr、P、Mg、Mo、Cu、Hg、Ni、Au、Na、Ca、Sr 等指标呈显著亏损，富集系数小于 0.8。

Cu、Cr、Ni 的变异系数 C_{v_1} 略大于 1，Ti、V、Co、Fe 等指标的变异系数 C_{v_1} 较小，表明这些指标的含量起伏较小。表明这些指标在该区分布较均匀，即使有异常也是低缓异常，很难有强异常出现。但这些元素都是攀枝花钒钛磁铁矿的主要成分和标志元素，其中 V、Ti、Co、Ni 等还是重要的伴生矿物。因此，在攀枝花地区使用常规方法是难以圈定出 Ti、V、Co、Fe 等指标局部异常的。

从地球化学图上可以较清晰地看到，在盐源县南西部有一条呈北西向展布的 Fe、Ti、V、Co 等多元素高值带。

中部盐边—米易有一呈南北向展布的 Fe、Ti、V、Co 等多元素高值带。

三、区域遥感地质特征

(一)区域地形地貌特点及其遥感特征

攀枝花式钒钛磁铁矿预测区位于川西南山地，隶属于太行秦岭川西藏东与云贵高原一级自然地貌景观区中的云贵高原高度植被覆盖较少基岩裸露二级地貌景观区，为中山-低山地貌，高山深谷夹局部宽谷、山沟盆地、低丘和小平坝，地形复杂，起伏较大。

遥感影像上，区内地貌分布具有鲜明的特点。预测区北部及北东部，主要地貌类型为河谷盆地地貌，以安宁河为代表，在河谷缓坡地带有深厚的古近系—新近系昔格达组黄色、黑褐色粉砂岩分布。

预测区西部北部，是以盐源盆地为代表的垄岗-沟谷溶洞地貌，由发育完整的四级河流阶地和大型冲积扇构成，基岩主要为古近系—新近系昔格达组黏土岩、粉砂岩，经侵蚀形成垄岗及缓丘，一、二级阶地为全新统冲积物，三、四级阶地以及古近系—新近系紫色砾岩夹砂岩、页岩等风化的红色黏土及昔格达组的黏土风化物，盆地北部和边缘山地则普遍出露三叠系的灰岩，岩溶地貌发育，风化物多为红色风化壳。

攀枝花以东，会理会东等地，为山地地貌，以侏罗、白垩系红紫色砂页岩为主，地表切割较弱，起伏和缓，散布着规模不等的山间河谷盆地。

其余地区总体上仍为山地沟谷地貌类型，山高坡陡，地表切割破碎，以林为主。

(二)区域地表覆盖类型及其遥感特征

攀西地区存在复杂多样的地质、地貌、气候环境，形成了绚丽多姿的自然景观和生态环境，区内大部分地区被地表植被(林地、草地及耕地)所覆盖，根据地表覆盖物的性质，可分为第四系和地表植被两类。

预测区内，第四系地表覆盖物主要分布于安宁河谷及盐源盆地中。安宁河谷及缓坡地带、盐源盆地的覆盖物类型均以古近系—新近系昔格达组黄色、黑褐色粉砂岩为主，其中盐源盆地北部和边缘山地因普遍出露三叠系的灰岩，岩溶地貌发育，风化物多为红色风化壳。安宁河河谷地带及盐源盆地为川西南地区主要的农作物种植区。

区内植被覆盖较重，属重度植被覆盖区，代表性植被类型以偏干性的常绿阔叶林和云南松树为主，其上为亚高山针叶林，随高度的变化，植被垂直分带性显着。

(三)不同性质岩石的区域分布特点及其遥感特征

攀枝花式钒钛磁铁矿预测区的地层发育齐全，从最古老的太古宙至古元古代的深变质-中深变质岩系、中元古代的浅变质岩系直到未变质的沉积盖层震旦系及古生代、中生代地层都有较广泛的出露，另有少量新生代及第四纪沉积零星出露。

元古代及古生代地层构成复杂的山地地貌景观，山高坡陡，切割破碎，植被覆盖密，遥感影像上色彩斑杂，色调变化较大。其中，盐源盆地边缘的二叠系灰岩构成的岩溶地貌特征明显，影像上因红色风化物覆盖重，呈浅红色调。

中生代侏罗、白垩系地层主要分布于预测区南部东侧，地势起伏平缓，以红紫色砂页岩为主，遥感影像上呈黄绿色，细纹发育，色调较均一，影像特征明显。

新生代以古近系—新近系昔格达组的黄色、黑褐色粉砂岩及第四系的河流冲洪积物为主，集中分布于盐源盆地及安宁河谷中，在一些山间沟谷盆地中也有少量第四系冲洪积物分布。

预测区内岩浆岩发育，以寒武记及华力西晚期两大旋回为主，岩石类型以基性—超基性为主。太古—古元古岩浆岩包括基性—超基性火山岩、基性—中性侵入岩及钠质花岗岩，组成区内南北向构造——康滇断隆的主体；中元古代—晚震旦世早期，岩浆岩分布于上述岩浆杂岩体带的两侧；华力西期岩浆岩以基性－超基性岩浆活动开始，晚期以偏碱性及酸性岩浆活动为主；晚二叠世后期，侵入活动则以酸性岩浆为主，并向北迁移。

四、区域重砂异常特征

全省经过1∶20万河流重砂测量发现有用矿物55种，黑色金属矿物有钛铁矿、板钛矿、白钛矿、锐钛矿、钛铁金红石、金红石、铬铁矿、软锰矿、硬锰矿、菱铁矿等10种；有色金属矿物有锡石、白钨矿、黑钨矿等13种；贵重金属只有黄金和自然银；稀有、稀土金属、铀、钍矿物有氟碳铈镧矿、独居石、磷钇矿、烧绿石等17种；非金属矿物有磷灰石、胶磷矿、重晶石、刚玉等13种。全省圈定重砂异常的矿物有33种，其中黑色金属矿物3种(钛铁矿、金红石、铬铁矿)；有色金属矿物9种(锡石、白钨矿、黑钨矿等)；贵重金属矿物2种(黄金和自然银)；稀有、稀土金属、铀钍矿物13种(氟碳铈镧矿、独居石等)；非金属矿物6种(磷灰石、重晶石、刚玉等)。

攀西地区的河流重砂异常主要为钛铁矿和铬铁矿。

钛铁矿：主要分布于康滇断隆带中段中条期——华力西期(二叠纪)基性、超基性岩区，异常集中，矿物含量高。

铬铁矿：主要产于基性、超基性岩中，分布较为局限，分布于康滇断隆带中段南部、盐源—丽江逆冲带。

第三章　区域矿产特征

攀西地区的成矿作用以多时代、多种类型和多种构造背景，长期、多旋回岩浆活动为特点，是四川省重要的成矿区。在元古宙，康滇构造带本身发育与海相火山作用有关的块状硫化物矿床和与基性超基性岩有关的铜镍硫化物矿床及铂族元素矿床；古生代，康滇断隆遭受峨眉地幔柱的强烈作用，而发育了与地幔柱有关的、以钒钛磁铁矿及铜镍硫化物矿床为特色的成矿系列；到了中生代，康滇断隆与其东侧的四川盆地成矿作用方面具有密切的联系，在盆山过渡地带也发育盐类矿床；新生代，康滇构造带可以作为整个青藏高原东部地区的一部分，而经历了与西南三江地区密切相关的地球动力学过程。

第一节　主要矿产资源和时空分布

1.主要矿产资源

(1)铁矿：区内共有铁矿类型6类，其中1类伴生锡矿，它们是：攀枝花式岩浆型钒钛磁铁矿、满银沟式沉积变质铁矿、石龙式海相火山变质型铁矿、凤山营式沉积变质菱铁矿、泸沽式接触交代型铁锡矿、华弹式沉积铁矿。

(2)锡矿：除上述泸沽式接触交代型铁锡矿外，区内还有岔河式锡石－硫化物型锡矿，大型矿床有会理县岔河，小型矿床有3个，矿点有7个。

(3)铜、铅锌、银矿：区带内共有7个铜、铅锌、银矿类型，即拉拉式火山沉积变质型(钼)银铜矿、东川(淌塘)式火山沉积变质型铜矿、大铜厂式陆相砂岩型银铜矿、小石房式沉积变质型铅锌矿、黑区式层控热液型银铅锌矿、大梁子式层控热液型银铅锌矿、乌依式层控热液型铅锌矿。

(4)镍矿：区内有力马河式基性—超基性岩型铜镍矿和冷水箐式基性—超基性岩型镍矿两个类型，前者分布于会理地区，后者分布于盐边地区。

(5)稀土(伴生钼)：牦牛坪式岩浆型(钼)稀土矿是四川优势矿产，分布于安宁河断裂以西、小金河断裂以东的金河断裂两侧，北起冕宁，南到德昌大陆乡一带，有1处大型、4个小型矿床、3处矿点。另外，四川省拉拉式铜矿亦伴生钼矿，是钼矿另一预测类型。

(6)磷矿：昆阳式磷矿分布于会理—会东一带，为沉积型磷矿，矿产地有超大型1个，小型1个。

(7)石墨矿：中坝式沉积变质型石墨矿分布于盐边至攀枝花一带，矿产地主要有攀枝花市大箐沟、中坝大型矿床、芭蕉箐和硝洞湾两个小型矿床及青林、田坪、新街田、大麦地、三大湾五个矿点。

(8)铂矿主要为新街式岩浆型铂矿，分布于德昌县至米易一带，主要有米易新街(中型铂矿)、巴硐(铂矿点)、萝卜地(铂矿化点)。

2.空间分布

早—中元古时期，火山活动十分强烈而频繁，随着火山喷发(溢)富铁、镁、钠质熔浆喷出，形成初始铁矿源层，在火山间歇期间，则通过火山喷气作用，形成钠质凝灰角砾岩与含铁碳酸盐一道沉积，形成含铁钠质凝灰岩-碳酸盐岩建造。前震旦纪铁矿成因十分复杂，一般经历原始矿源层形成以后，都经历了各种作用的叠加改(再)造，最后在有利空间富集成矿：①在火山喷发作用形成火山喷发沉积贫铁矿(初始富集层)的基础上，后期辉绿岩(可能为部分矿源)在沿火山机制脆弱部位顺层侵入，其后期含矿气液在接触带外侧交代或充填或叠加于先成的贫矿体之上，形成富厚的热液交代(充填)富矿体，如石龙铁矿、新铺子铁矿；②区域构造运动产生的热动力，使原始贫矿层中矿质活化、迁移，在层间虚脱部位重新富集，使矿体变富、加厚，本区带代表性矿产地有满银沟铁矿；③原生菱铁矿，在富含 CO_2的热(卤)水作用下，使原来菱铁矿转化为重碳酸铁，并在有利围岩条件下，生成第二代菱铁矿，本区主要有小街式、凤山营式铁矿。

晋宁—澄江期，中酸性岩浆侵位，提供丰富热源及部分物源，促使围岩中层间水、孔隙水及铁质活化、迁移，在构造有利部位(褶皱虚脱空间、挠曲剥离空间、层间错动裂隙等)重新聚集，与有利岩性(大理岩)接触交代形成锡铁矿体。本区代表性矿产地有泸沽式锡铁矿。

奥陶纪—三叠纪，区内沉积环境复杂，从海相—海陆交替相—陆相都有，攀西地区的华弹式铁矿位于康滇古陆东侧并与其平行展布的古拗陷带，铁矿产于中奥陶统巧家组局限台地边缘浅滩相。含矿建造为浅海碳酸盐建造，其物源属表生-再生型，即古陆富含铁质岩石经风化剥蚀、搬运至海底，所以沉积铁矿的成矿机制包括矿质来源和沉积环境两因素，物质来源丰富，沉积环境和水介质条件有利，即可富集成矿。

华力西期成矿作用发生于扬子陆块上镁铁质或超镁铁质岩中，岩体产出受南北向长期活动的深断裂控制。上地幔部分熔融产生成矿岩浆，岩浆生成聚集在下地壳或莫霍面附近形成深部岩浆房，并发生结晶分异，分异程度不同的岩浆继续上侵，在地壳上部形成上部岩浆房，然后继续成岩成矿，岩浆房固结的主要作用分离结晶作用，它通过底部结晶或侧向增生，由下而上进行，其中钛铁矿、钛磁铁矿、橄榄石、单斜辉石和斜长石在岩浆房底部形成粥状堆积层，并继续生长。由于物质供应的差异，中、上部呈陨铁结构，下部呈嵌晶结构和镶嵌结构。同在堆积层中密度较低孔隙流体与上伏岩浆发生对流，使上部基性程度低于中、下部，构成明显的分层结构。由于岩浆多次脉动式贯入和结晶、分异作用，在岩体中形成若干韵律旋回。攀西裂谷作用是区内一次重要的成矿作用，攀枝花式岩浆型钒钛磁铁矿与攀西裂谷的形成演化有密切关系，伴生 Cu、Ni、Cr、Pt 和力马河式 Cu—Ni 矿(Pt)；裂谷破裂期则以壳幔源混合型火山-次火山成矿作用为主，形成盐源矿山梁子式次火山岩型磁铁矿、红格式和茨达式伟晶岩型 Nb、Ta、Zr、水晶矿；康滇断隆深部富 REE 的异常地幔产生部分熔融作用，萃取 LREE 进入深源岩浆或进入虚脱部位而形成深部岩浆房，安宁河深断裂带、金河—程海断裂带(北段为金河断裂)、南河—磨盘山断裂带等南北向断裂带多期次活动将深部的成岩成矿物质活化、运送至表层构造体系，形成岩浆后期热液型稀土矿床。成谷期则以外生成矿作用为主，形成膏盐、煤等矿产。

第二节 攀西裂谷与成矿作用

攀西裂谷作用是区内一次重要的成矿作用(表 3-1)，攀枝花式岩浆型钒钛磁铁矿与攀西裂谷的形成演化有密切关系。在裂谷前穹状隆起阶段，以幔源岩浆成矿作用为主，形成攀枝花式钒钛磁铁矿，伴生 Cu、Ni、Cr、Pt 和力马河式 Cu—Ni 矿(Pt)；裂谷破裂期则以壳幔源混合型火山-次火山成矿作用为主，形成盐源矿山梁子式次火山岩型磁铁矿、红格式和茨达式伟晶岩型 Nb、Ta、Zr、水晶矿；成谷期则以外生成矿作用为主，形成膏盐、煤等矿产。攀西裂谷成矿模式如图 3-1 所示。

表 3-1 攀西裂谷成矿作用简表

<table>
<tr><th>成矿作用</th><th>成矿系列</th><th>矿床类型</th><th>矿种或元素</th><th colspan="2">构造阶段</th><th>实例</th></tr>
<tr><td rowspan="5">内生成矿作用</td><td>1. 超基性岩体群有关的成矿系列</td><td>岩浆溶离型
矿浆贯入型</td><td>Cu—Ni(Pt)</td><td colspan="2" rowspan="2">裂前成穹</td><td>会理力马河</td></tr>
<tr><td>2. 层状基性—超基性杂岩有关的成矿系列</td><td>岩浆分异型
矿浆贯入型</td><td>Fe—Ti—V
(Cu、Ni、Cr、Pt)</td><td>攀枝花</td></tr>
<tr><td>3. 玄武岩有关的成矿系列</td><td>火山沉积型
火山气液充填型</td><td>Fe、Cu 自然铜</td><td rowspan="4">裂谷形成</td><td rowspan="3">破裂期</td><td rowspan="2">盐源矿山梁子
滇东北地区
会理白草
路枯米易挂榜</td></tr>
<tr><td>4. 碱性岩脉群有关的成矿系列</td><td>碱性正长伟晶
岩型碱性花岗
伟晶岩型</td><td>Nb、Ta、Zr
(Gr、U、Th)水晶</td></tr>
<tr><td>5. 碱性花岗岩有关的成矿系列
(1)岩浆晚期-气成型铌钽亚系列
(2)岩浆期后伟晶型-气成亚系列</td><td>岩浆晚期
自交代型
伟晶岩型</td><td>Nb、Ta、Y、Zr、(Hf)</td><td>德昌茨达
西昌长村</td></tr>
<tr><td>外生成矿作用</td><td>1. 陆相碎屑岩-蒸发岩组合的成矿系列
2. 陆相碎屑岩含煤成矿系列</td><td>含铜砂岩型
陆上千盐湖
河湖沼泽相</td><td>Cu
石膏
煤</td><td>成谷期</td><td>盐边朵格
渡口宝鼎</td></tr>
<tr><td>后生成矿作用</td><td>以碳酸盐岩为容矿的再造层控型铅锌矿(银)成矿系列</td><td>硫化物型</td><td>Pb—Zn(Au)</td><td colspan="2">裂谷全过程</td><td>宁南银厂沟
会东大梁子
会理天宝山</td></tr>
</table>

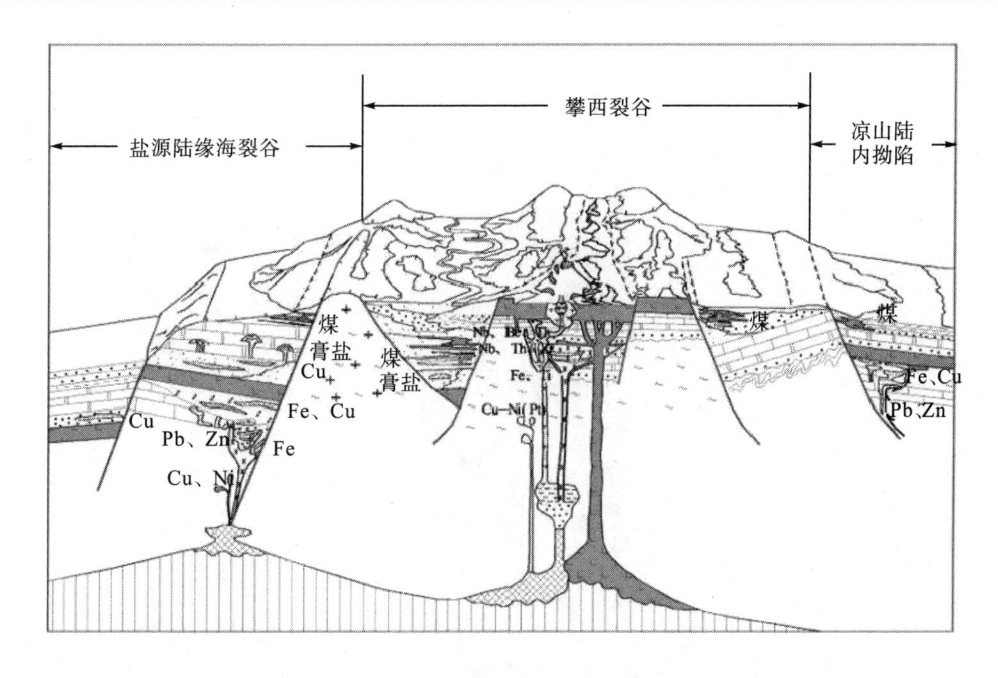

图 3-1　攀西裂谷成矿作用模式图

第三节　成矿区带与矿集区

“全国重要矿产和区域成矿规律研究技术要求”(2007 年)提出了成矿密集区(简称矿集区)的概念。矿集区是矿化或矿床(点)密集分布的地区，客观反映大量矿床(点)及其在空间的自然分布特征，不受构造界限控制。

区内已经发现了一批大中小型矿床，其中既有黑色金属、贵金属、有色金属矿产，也有能源矿产和其他非金属矿产，如攀枝花、红格、白马、太和钒钛磁铁矿，会理拉拉铜铁矿、天宝山锌矿，盐源平川铁矿、大陆槽稀土矿、西范坪斑岩铜矿等。主要矿种有Cu、Pb、Zn、Sn、Au、Ag、Mo、Ni、Fe、Mn、Sr、重稀土、煤、石膏、重晶石、滑石、蛇纹石、磷块岩、石灰石等。

按 2013 年 7 月提交的四川省矿产资源潜力评价项目《四川省重要矿种区域成矿规律矿产预测课题成果报告》，依据成矿规律研究和预测成果，参考大地构造分区、成矿区带范围，本书将康滇断隆 Fe-Cu-V-Ti-Ni-Sn-Pb-Zn-Au-Pt-稀土-石棉成矿带(Ⅲ－76)(即攀西地区)划分出 7 个Ⅳ级成矿带，12 个矿集区。现参考《四川省成矿区带划分及区域成矿规律》(曾云等，2015)，将主要的矿集区(图 3-2)特征按由北向南的顺序简单介绍于下。

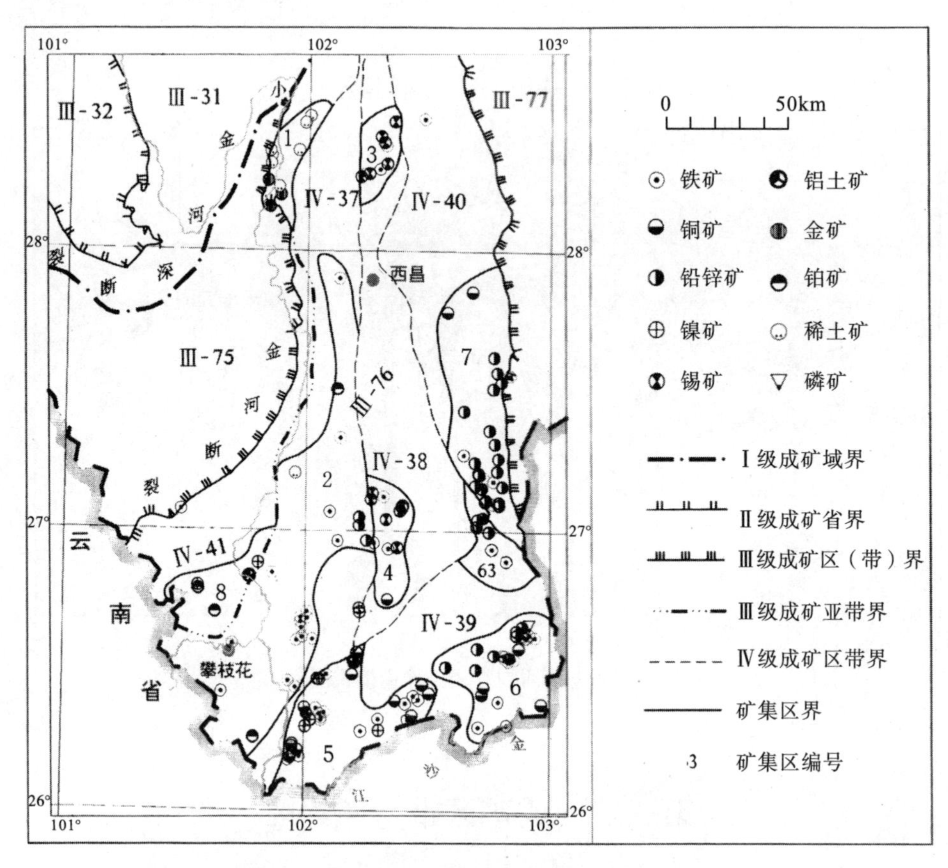

图 3-2 攀西地区矿点分布及矿集区划分示意图

Ⅲ-31. 南巴颜喀拉—雅江成矿带；Ⅲ-32. 义敦—香格里拉(造山带弧盆系)成矿带；Ⅲ-75. 盐源—丽江—金平成矿带；Ⅲ-76. 康滇断隆成矿带；Ⅲ-77. 上扬子中东部(台褶带)成矿带

1. 冕宁稀土-钼矿矿集区

该矿集区大地构造位于上扬子地块康滇基底断隆带和盐源—丽江陆缘裂谷盆地结合部，属石棉—冕宁 Au-Cu-稀土成矿远景区(Ⅳ-36)。主要矿产为稀土矿，伴生钼矿。主要控矿构造为走向北东的金河断裂带，成矿构造为金河断裂带的次级断裂哈哈断裂，成矿岩体及矿床(点)严格受其控制，成矿岩体(喜马拉雅期碱性杂岩)沿断裂呈串珠状分布；三岔河、牦牛坪、包子村、马则壳等矿床(点)沿哈哈断裂断续分布；矿体主要呈带状、脉状，与断裂中裂隙产状完全一致。本区主要有牦牛坪稀土矿，伴生钼。

2. 冕宁—攀枝花矿集区

该矿集区位于大地构造位于上扬子地块康滇基底断隆带中部，属冕宁—攀枝花 Fe-V-Ti-Cu-Ni-Pt-Pb-Zn-稀土-成矿远景区(Ⅳ-37)。冕宁—攀枝花矿集区是钒钛磁铁矿的最主要集中分布区，其他矿产还有铅锌矿、石墨矿、铂矿，及硫矿、镍矿等。

岩浆型钒钛磁铁矿及其伴生硫、镍沿安宁河大断裂分布，富铁质基性岩—超基性岩中集中有攀枝花市攀枝花、红格、白马及西昌太和等四大矿田。

铅锌矿有火山—沉积变质型铅锌矿和层控热液型铅锌矿，前者以小石房式铅锌矿为代表，后者主要为天宝山铅锌矿；区内已有大、中型矿床 2 个(天宝山、小石房)、小型矿床 1 个(梅子沟)，矿点、矿化点 5 个。

岩浆型铂矿主要分布在米易，主要有新街(中型)、巴硐(矿点)、萝卜地(矿化点)，在攀枝花式钒钛磁铁矿中也共(伴)生的铂矿。

沉积变质型石墨矿分布在攀枝花仁和区，北东向的大田基底背斜控制含矿地层产出，有 1 个大型矿床、1 个矿化点，储量规模大。

3. 冕宁-喜德 Fe 矿集区

该矿集区位于西昌以北，冕宁—西昌 Fe-Sn-Cu 成矿远景区(Ⅳ-38)北部，主要有接触交代型锡铁矿。锡铁矿产于于泸沽复背斜翼部，北北东向的泸沽倒转复背斜不仅控制了泸沽花岗岩体沿背斜轴部的上侵及其形态和产状，而且也是主要的控矿和容矿构造。矿床赋存于南华系(纪)大理岩、千枚岩、变质砂岩中，主要矿种为铁矿，伴生有锡矿。规模以中小型为主，有冕宁县大顶山、泸沽铁矿山 2 个中型矿床，喜德县朝王坪、喜德拉克等 13 个小型矿床、冕宁县龙王潭、猴子崖等 9 个矿点。

4. 会理 Sn-Cu 矿集区

此矿集区位于冕宁—西昌 Fe-Sn-Cu 成矿远景区(Ⅳ-38)南部，主要沉积变质型铁矿、岩浆热液型锡矿、砂岩型铜矿。

凤山营式沉积变质型铁矿集中在会理县，含矿地层为元古代会理群凤山营组，泥质建造，北东向断裂构造控矿，北东向断裂旁侧裂隙带的发育，是矿体的直接熔矿空间。本区矿产地主要有：凤山营，官山、岩狗洞、铜厂坡、马家碾、纸房沟，其余均为矿点，如金家老崖、铁矿梁子、官村、箐头、坝依头、大富村、兴隆、大团箐(小型)。

岩浆热液型锡矿分布于会理仓田一带和会理县东北部新田至顺河一带，成矿地质条件好，有 1 个大型矿床、3 个小型矿床、7 个矿点。

砂岩型铜矿分布于上白垩统小坝组粗粒长石石英砂岩中，已发现翟窝厂、岩口、上马革矿点。

5. 会理 Cu-Fe-Ni 矿集区

该矿集区位于会理—会东 Cu-Fe-Pb-Zn-Au 成矿远景区(Ⅳ-39)西南部，主矿产为镍矿，并有铜、钴等矿产，规模以中小型为主。力马河式基性—超基性岩型铜镍矿有 1 个中型矿床，5 个小型矿床，其余均为矿点。大铜厂式铜有大铜厂、鹿厂 2 个小型矿床，工作程度较高。

东川式沉积变质型铜矿产于中元古代会理群硅质、泥质黑色页岩建造中。在此区带内矿产地主要为淌塘、大箐沟 2 个中型矿产地，黑箐 1 个小型矿床，老厂、力溪中厂、铜厂沟、红铜山、后山沟、天生闹堂、羊窝窝 7 个矿点。

拉拉式沉积变质型铜铁矿含矿地质体层位为河口岩群落凼组上段，石英钠长岩、斑状石英钠长岩、石榴黑云母片岩，白云母石英片岩、碳质板岩及大理岩透镜体，为一套古元古代钠质火山沉积建造。主要有落凼大型矿床，老羊汗滩沟中型矿床，石龙、菖蒲箐、红泥坡 3 个小型矿床，板山头、大劈槽、新老厂、赵家梁子 4 个矿点，黎发村、力洪、寨子箐 3 个矿化点。

6. 会东 Cu-Fe-Pb-Zn-P 矿集区

该矿集区位于会理—会东 Cu-Fe-Pb-Zn-Au 成矿远景区（Ⅳ-39）东南部。区内沉积型铁矿含矿建造主要为海相碳酸盐建造，中奥陶系巧家组中，矿种为鲕状赤铁矿，分布有宁南华弹大型矿床，会理文箐、宁南松林、宁南新铁索桥后头上、宁南俱乐、宁南团宝山矿化点。火山沉积变质型铁矿为赤铁矿，主要有双水井赤铁矿（大型），满银沟赤铁矿、杨家村赤铁矿（中型），淌塘乡雷打牛、小街乡小田老包赤铁矿两个小型矿床，以及若干矿点、矿化点。

淌塘式铜矿含矿岩系为会理群淌塘组（Pt_2t）绢云千枚岩、炭质（凝灰质）绢云千枚岩、砂质板岩及白云质大理岩、结晶灰岩。区内已有淌塘铜矿达中型，另有数个矿床（点）。

铅锌矿有会东长新-大梁子层控热液型铅锌矿，呈南北向展布，北起会东发土窝，南至会东淌塘，有大梁子式、乌依式、黑区式 3 个矿床式，但以大梁子式为主。

该矿集区层控热液型铅锌矿大梁子式、黑区式、乌依式 3 个矿床式，已知矿床大梁子式有大型矿床 1 个（大梁子），小型矿床 5 个（会东野租、红光、井风口、塘坊、撒海卡），矿点、矿化点 7 个；黑区式有小型矿床 1 个（会东长新）；乌依式有矿点、矿化点 2 个。

磷矿在此区带主要分布在会东县，形成于梅树村早期，含矿层及沉积建造为灯影组麦地坪段，白云岩-磷质岩建造，有 1 个超大型矿床、1 个小型矿床。

7. 越西—宁南 Cu-Fe-Pb-Zn 矿集区

该矿集区属越西—宁南 Cu 成矿远景区（Ⅳ-40）。区内层控热液型铅锌矿成矿地质条件有利，有黑区式、乌依式两个类型的铅锌矿。已知黑区式有中型矿床 1 个（宁南跑马），小型矿床 2 个（宁南云雀、银厂沟），矿点、矿化点 11 个；乌依式有中型矿床 1 个（乌依），小型矿床 2 个（洛呷），矿点、矿化点 20 个。陆相火山（玄武）岩型铜矿除在火山角砾岩中具有火山喷发铜矿化外，还有构造热液型矿化，已发现有日池拉达等矿点。

8. 盐边 Cu-Ni-石墨矿集区

该矿集区位于盐边 Cu-Ni-Pb-Zn-Au-石墨成矿远景区（Ⅳ-41）。基性—超基性岩型铜镍矿分布于盐边县高坪—桔子坪—红果到米易大槽一带。矿产地有盐边县冷水箐镍矿、米易县阿布郎当镍矿。石墨矿分布于攀枝花市盐边县高坪乡—同德镇一带，同德基底隆起控制了含矿地层的产出。矿石主要为晶质石墨矿，矿产地主要有攀枝花市大箐沟大型矿床，芭蕉菁和硝洞湾两个小型矿床，青林、田坪、新街田、大麦地四个矿点。

第四章　攀西钒钛磁铁矿基本特征

第一节　含矿岩体分布及产出特征

攀西地区钒钛磁铁矿含矿岩体多为层状基性超基性岩体，可划分为两类：一是由辉长岩与其相关的橄长岩等组成的基性岩型含矿岩体；二是由辉长岩、辉石岩等组成的基性超基性岩型含矿岩体。另在冕宁一带现发现少量非层状贯入式含矿岩体，分布范围较小，相关工作程度较低。

一、含矿岩体分布

攀西地区含钒钛磁铁矿的基性超基性岩体集中分布在北起冕宁，向南经西昌、德昌、米易至渡口攀枝花地区，再向南延至云南牟定县安益，呈明显的南北带状展布，长达三百多公里，东西宽为10～50km，是一个规模宏伟的南北向含矿层状基性超基性杂岩带。该地区严格受深大断裂的控制，绝大多数均产于安宁河深断裂带西侧与昔格达断裂带所限的狭长地带，呈南北向断续出露，构成岩带。此岩带由北往南包括太和、巴洞、白马、安宁村、白草、马鞍山、红格、中干沟等较大的含矿岩体以及其他一些较小的含矿岩体，另有少部分含矿岩体，以攀枝花为代表，出现在雅砻江断裂带与永胜、宁蒗地区的华夏系交接复合部位。

攀西地区共有110余个基性、超基性岩体，且规模大小差别很大。预测区的基性、超基性岩体属于大型(面积大于50km^2)的岩体占岩体总数的2.5%，中型岩体(面积50～100km^2)占2.0%，小型岩体(面积1～10km^2)占21%；其余为极小型(面积0.1～1km^2)和特小型(面积小于0.1km^2)，两者占74.5%。大—中型的岩体数量虽少，但其分布的面积却超过小型特小型岩体的2～3倍。

攀枝花、红格、白马、太和等层状基性超基性堆积杂岩体(年龄值265～260Ma)形成于二叠纪中晚期。在康滇构造带及其两侧形成了广泛分布的峨眉山玄武岩(255～251Ma)，其时限主要为二叠纪晚期，部分可能延续到早三叠世，出露面积达5万km^{2}以上。

三叠纪在康滇断隆轴部脊线一带形成太和、白马、攀枝花和红格的正长岩(252～

206Ma)，以及攀枝花务本的碱性粗面岩-碱流岩-熔结凝灰岩的组合，其形成与早期形成的含钒钛磁铁矿层状基性超基性岩的关系尤为密切。

二叠纪与矿有直接关系的基性、超基性岩以及正长岩、碱性粗面岩-碱流岩-熔结凝灰岩主要分布在安宁河深断裂带两侧，构成醒目的攀西裂谷岩浆岩带。有的岩体，如红格一带，经工程揭露证实，本来是自北而南由安宁村、潘家田、白草、马鞍山、红格、中梁子、中干沟等含矿层状岩体组成的(长 16km，平均宽 6.5km，面积为 100km^2)统一的一个大岩体，后被玄武岩覆盖和辉长辉绿岩、碱性岩侵蚀和穿插，致使形成现在不连续的岩体群。在已出的 30 余处岩体中凡大于 1km^2 规模者，绝大多数都已经进行或正在进行不同程度的地质工作，特别是近年来攀西地区钒钛磁铁矿整装勘查，又发现了白沙坡(隐伏)、太阳湾、一碗水、飞机湾等岩体，攀西地区地质构造及基性—超基性岩体分布如图 4-1和表 4-1 所示。

表 4-1　攀西地区含钒钛磁铁矿层状基性超基性岩体分布一览表

岩带	岩体类型	岩体名称	含矿岩体规模/km^2	矿床/点
攀枝花杂岩带	基性岩型	攀枝花	40	大型
		务本	1.5	大型
		萝卜地	0.9	矿点
安宁河杂岩带		杨秀	0.1	矿点
		民胜	0.4	矿点
		樟木乡	0.1	矿点
		金洞	1.65	矿点
		太和	7.0(保存部分)	大型
	基性—超基性岩型	巴洞	7.5	小型
		白马	100	大型
		新街	10.5	中型
		红格	100	大型
		普隆	0.5	中型
		半山	0.2	小型

二、含矿岩体产出特点

根据 1984 年 6 月周信国、唐兴信等的研究及近年来攀西钒钛磁铁矿整装勘查成果，攀西地区钒钛磁铁矿含矿岩体有以下特点。

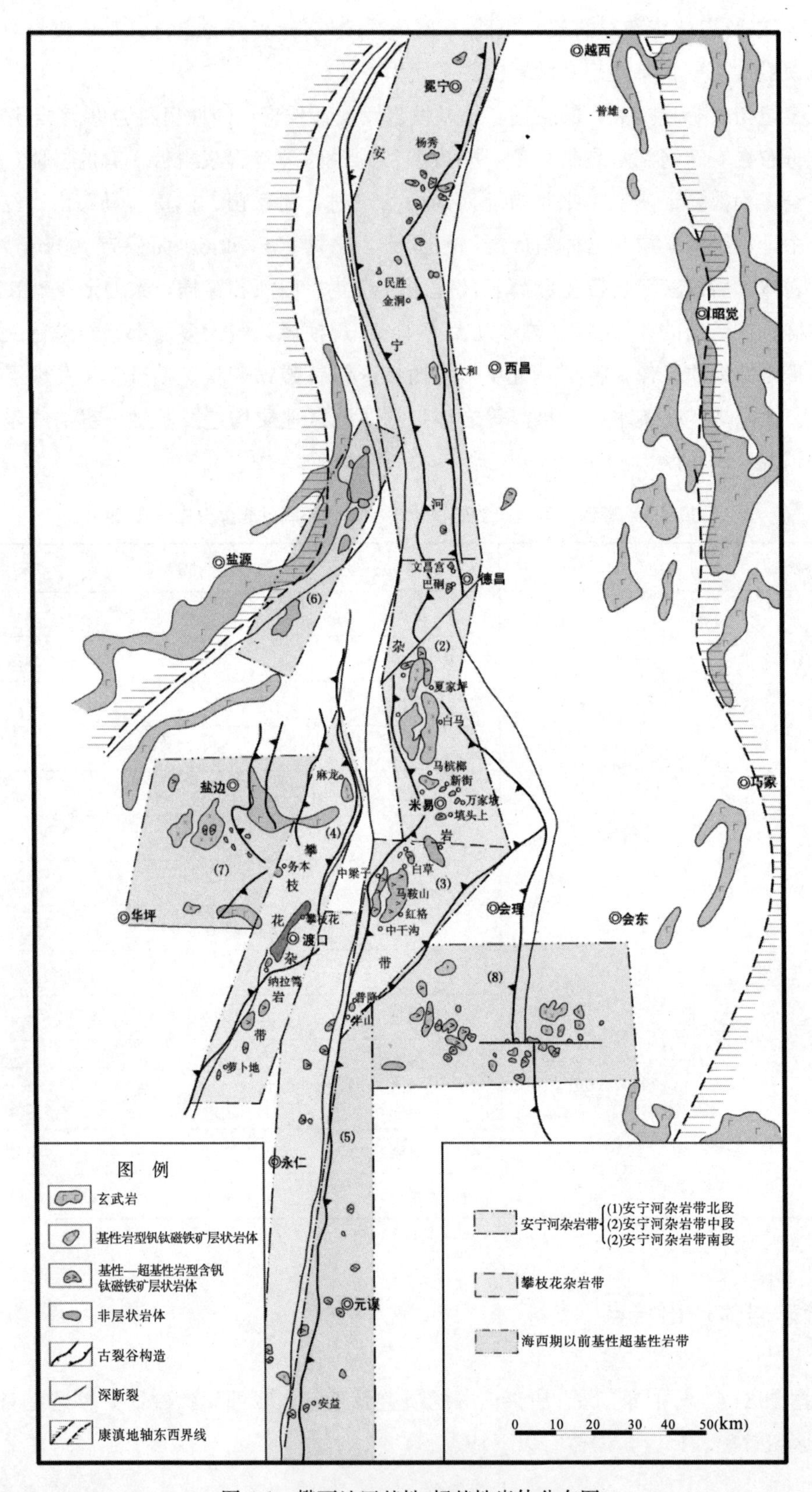

图 4-1 攀西地区基性-超基性岩体分布图

1. 带状分布及对称性

从横向上看，含矿岩体具有成带和对称的特点，所见层状岩体都不是直接产在某一条深裂带之中，而是对称地分布在古陆隆起带轴部的东、西两侧两支古裂谷带中；超越裂谷带范围，则无含矿层状岩体出露。

古裂谷带分东、西两支，而含矿层状杂岩带也呈两支南北带状展布。东带为安宁河含矿层状杂岩带，位于安宁河谷及其两侧，北起冕宁杨秀，向南经西昌太和、米易白马、攀枝花红格、云南安益等一系列层状岩体及航磁异常组成；西带为攀枝花含矿层状杂岩带，位于西支攀枝花古裂谷带内，由麻陇、务本、攀枝花、萝卜地等一系列层状岩体及航磁异常带组成，两个含矿层状杂岩带以东带最发育，规模宏伟。

2. 成群产出

含矿基性—超基性岩体不连续产出，成群分布，可分为北、中、南三个段。

北段，指西昌至冕宁泸沽地段。出露的岩体，以太和为主，向北有金洞、樟木乡、民胜、杨秀等岩体组成北段含矿层状岩体群，这些岩体的岩石类型基本一致；原来应为一较大的岩体，被以后的花岗岩、闪长岩等上侵、穿插破坏，保留下来的均为一些小岩体。

中段，指德昌至米易，这是本区含矿层状岩体最发育的地段，是以白马岩体为中心的白马含矿层状岩体群和巴洞含矿岩体等所组成。白马岩体向北有麻栗坪、向南有新街等；白马岩体西部还有棕树湾、横山等含矿层状岩体；分布面积可达 160km^2。

南段，指米易至攀枝花、红格地区。这一段可分东、西两个岩体群，东部的红格岩体群(即红格大岩体)，出露的岩体自北而南有安宁村、潘家田、白草、安鞍山、红格、中梁子和中干沟等；分布范围可达 100km^2；根据各个岩体的岩相、岩石类型、含矿性和结构构造特征的相似性分析，这些岩体原应是统一的红格大岩体，被后期的玄武岩、辉绿辉长岩、碱性正长岩体及花岗岩的侵入、分隔破坏，现呈若干岩体。西部攀枝花岩体群，以攀枝花岩体为中心，向北有务本、黑古田、麻陇岩体，向南有萝卜地岩体等。攀枝花岩体分布面积约 40km^2。

含矿层状岩体的群态分布，是与这些岩体群在古裂谷带中所处的具体构造部位有关，即受古裂谷带中的锯齿状剪切-拉开构造所控制的，因为锯齿状剪切-拉开地段，无疑是构造上启开较大的部位和相对稳定的环境，最有利于岩体和岩体群的产出，它一方面为岩浆的侵位提供了广阔的空间，另一方面有利于岩浆进行重力分异，形成分异良好和显示层状构造及韵律层结构的含矿层状岩体。

3. “三位一体”共生规律

所谓“三位一体”是指含矿层状基性—超基性岩体、峨眉山玄武岩、碱性岩三者共生的关系，这种“三位一体”现象和事实，在含矿层状岩体的分布区内的表现明显，它们之间不仅是空间上的共生，而且具有其成因联系。通过野外观察和室内研究及多年来生产实践表明，当层状基性—超基性岩与碱性岩二者共生一起而且都比较发育时，则这种基性超基性岩常常是具有明显的层状构造和韵律层结构，并产有层状、似层状钒钛磁铁矿。本区攀枝花、白马、太和、红格四大含矿岩体均无例外。碱性岩与层状岩体共生分布关系：一是碱性正长岩呈侵入分布在含矿层状岩体周围；另一种是脉岩产于层状岩体内，主要在辉长岩相中，超基性岩相中一般碱性岩脉较少、较小。碱性岩脉具稀有元素矿化，这都是带有全区性的普遍特点。

从“三位一体”的形成与钒钛磁铁矿富集关系看来，主要因素取决于碱质玄武岩浆的分异程度。分异良好则三者伴生明显，且矿层较富。碱质玄武岩浆经深部分异为含矿基性-超基性岩浆和碱性岩浆后，因受同一构造条件而先后侵入，故而紧密共生。含矿层状岩体中的碱性岩脉可能是含矿基性超基性岩浆上侵后的结晶重力分异晚期的富碱质残浆在张性裂隙中充填形成的。

三、与粗伟晶辉长岩的关系

几个比较大的含矿岩体，如攀枝花、白马、太和等岩体，均伴生有后期的粗、伟晶辉长岩。这些粗、伟晶状岩石呈大小不等的岩脉或岩墙状产出，它们常沿含矿岩体与围岩接触带贯入，或者是穿插产于含矿岩体的构造薄弱地带。岩石特征与含矿岩全有许多相似之处，如常含有多达4%～5%的钛磁铁矿，辉石亦属于钛普通辉石，角闪石亦相当于钛普通角闪石，在辉石、角闪石甚至斜长石解理内充填有数量不等的钛磁铁矿片晶。岩石化学特征也具有富铁、钛，SiO_2不饱和以及含 CaO 较高的特点。根据上述特征，又鉴于它们的产出规模可以是很大的，厚度由数米至数百米，长度由数百米至十余公里，并且多是沿含矿体下侧侵入，故认为它们是与含矿岩体紧密相关而富含挥发份的残余岩浆的产物。在上述各含矿岩体中，还见有粗、伟晶辉长岩呈顺层的透镜体及囊状体产出。

四、与正长岩类的关系

几个比较大的含矿岩体均伴随有后期正长岩类(包括石英正长岩、黑云正长岩、角闪正长岩、钠铁闪石正长岩、霓辉正长岩、正长伟晶岩及碱性正长伟晶岩等)的侵入。后者规模更大，侵入时代晚于粗、伟晶辉长岩。

正长岩与玄武岩及超基性岩体的生成关系甚为密切，它们在侵入空间上经常紧密伴生，往往是受同一构造裂隙控制；在侵入时期上也可能是比较接近的，岩石化学成分都显示为高铁、钛。这些相互关系似乎说明它们在岩浆的深处来源上有一定的联系，可能属同一深源。

第二节　含矿岩体类型及其分异特征

按岩石组合特征可划分为基性—超基性岩体、基性岩体两种类型。

基性-超基性岩体以红格、新街、白马等岩体为代表。在岩体内，由于岩浆分异作用形成一系列基性岩与超基性岩。基性岩主要是各种类型的辉长岩、橄榄辉长岩、含橄辉长岩等，包括流状、块状、中粒、粗粒、浅色、暗色以及富磷灰石的辉长岩；超基性岩包括橄榄岩、橄辉岩、辉石岩、辉橄岩、纯橄岩、斜长橄辉岩、含长橄辉岩等，它们往往成叠层状或条带状产出，多数集中分布在岩体的下部层位，岩体自下而上总的变化趋势是基性程度逐渐降底。有些岩体的顶部边缘，还出现有角闪辉长岩。在这类岩体中，钒钛磁铁矿主要分布在超基性岩内，并且铬、镍、铜等伴生组分的含量相对较高。

基性岩体以攀枝花、太和等岩体为代表。其主体是各种形式的辉长岩，也包括流状、块状、中粒、粗粒、浅色、暗色，以及富磷灰石的辉长岩等，橄榄辉长岩、橄长岩和斜长岩的数量很少，分布在岩体底部，岩体内流状构造发育。各种岩相相互成叠层状分布，自下而上也具有基性程度逐渐降底的趋势。在中下部层位，局部可见超基性岩的薄层，为辉石岩、橄辉岩及橄榄岩。钒钛磁铁矿主要产于岩体中下部，呈层状、似层状及条带状，含矿性一般较基性超基性岩体要好些，品位较富，含矿层内含矿率较高，伴生组分铬、镍、铜等元素含量相对较低。

第三节　含矿岩体韵律特征

攀西地区基性超基性岩体包括有辉长岩、辉石岩、橄榄辉长岩、角闪辉长岩、辉绿辉长岩等。该区域可分层状和非层状两类，其中富含钒钛磁铁矿以具分异层状构造为特点。层状基性超基性岩体具韵律性，不同韵律之间具相接触或过渡接触关系，表明岩体由多次岩浆脉动式侵入和结晶分异形成。不同岩体的岩石类型、组合及含矿性不尽相同，又可大体分为两种类型。

一、以基性岩为主的含矿层状岩体

基性岩为主的含矿岩体的基本岩石类型为辉长岩，从岩体顶部向下，基性程度增高。中上部部分岩层有有含磷灰石的薄层辉长岩，钒钛磁铁矿富集于下部暗色辉长岩层中，底部以暗色辉长岩、橄榄辉长岩、辉长岩和含钛磁铁辉长岩互层为主，含矿岩相带中发育较多致密块状的钛磁铁岩层(矿石层)。

攀枝花岩体层状构造发育，据岩石的矿物组合及含量等变化情况，划分为分 5 个岩相带，即：层状钛磁铁辉长岩相带（Ⅰ）、层状含磷灰石辉长岩相带（Ⅱ）、层状辉长岩相带（Ⅲ）、块状辉长岩相带（Ⅳ）、边缘带（Ⅴ）。

二、基性—超基性岩组成的含矿岩体

红格及新街岩体是区内典型的基性—超基性含矿岩体，主要由橄榄岩-橄榄辉岩-辉长岩的韵律层组成，含矿层以岩浆矿床形式富集于每个韵律的中下部。红格层状基性超基性岩体划分为两个岩相带，由上而下为辉长岩带及超镁铁岩带。

辉长岩带下部以暗色辉长岩为主，具韵律性层状构造，上部为块状浅色辉长岩。岩石组分主要由斜长石、含钛普通辉石和橄榄石组成，含少量磷灰石及含钛普通角闪石，矿化不好。

超镁铁岩带由单辉岩、橄榄单辉岩及橄榄岩、含长单辉岩组成，矿化较好。矿物组分主要由含钛普通辉石、橄榄石及铁钛氧化物组成，含少量含钛普通角闪石。据橄榄石与钒钛磁铁矿及含钛普通辉石的含量变化显示出的明显的韵律构造，共划分为若干个小型韵律层。

第四节　含矿岩体的岩石化学组分

攀西地区含矿岩体（基性—超基性含矿岩体，基性岩型含矿岩体）岩石化学特征如表 4-2所示。

表 4-2　攀西地区两类岩体岩石化学特征

数值特征	基性一超基性岩型含矿岩体	基性岩型含矿岩体
m/f	0.3～1.9，岩体含镁较高	0.7～1.0，岩体含镁较低
$a+b$	较小，形成超基性岩相	较大，只有基性岩相
b	较大，46～58	较小，26～46
M'/c'	较大，暗色脉石矿物中 MgO、CaO 占比例较大，相应 TFe 比例较小	较小，暗色脉石矿物中 MgO、CaO 占比例较小，相应 TFe 比例较大

四大矿床矿石除 TFe、TiO_2、V_2O_5外，还伴生 Cr、Co、Ni、Cu、Pt 族元素。大含矿岩体中 Cr_2O_3、Co、Ni、Cu、Pt 族元素均随含矿岩体类型不同而变化较大（表 4-3）。主要赋存矿物中的含量变化表明：红格基性—超基性岩型岩体的上述伴生组份的含量均较攀枝花、太和、白马基性岩型含矿岩体明显增高。

表 4-3　攀西地区四大钒钛磁铁含矿岩体铬、钴、镍、铂含量

含矿岩体	矿石品级	钛磁铁矿		硫化物		
		Cr_2O_3/%	Co/%	Ni/%	Cu/%	铂族总量 g/T
攀枝花	表内	0.09～0.13	0.1～0.3	0.12～0.16	0.05～0.24	0.015～0.55
	表外	0.06	0.15	0.18	0.09～0.48	
白马	表内	0.05～0.15	0.30～0.32	0.73～0.78	0.77～1.26	
	表外	0.06	0.27	0.67	0.8	
太和	表内		0.45～1.05	0.68～0.71	0.33～0.58	
	表外		0.4	0.15	0.23	
红格	表内	0.68～0.82	0.56～2.10	1.77～4.32	1.05～1.37	0.341～0.815
	表外	0.55	0.53	1.33	1.48	0.129

第五节　含矿岩体形成时期

关于含矿岩体形成时期的说法历来是有分歧的，主要有两种认识：一种认为是华力西晚期；一种认为是华力西早期。认为是华力西晚期形成者提出，含矿岩体与峨眉山玄武岩为过渡关系，或含矿岩体侵位于峨眉山玄武岩中，同位素年龄为 260Ma 左右；认为形成于华力西早期的指出，含矿岩体及矿体被次火山相(即“在特殊环境形成的、具辉绿辉长结构的玄武岩”侵位、破坏，同位素年龄 382.19～338.73Ma。

认为含矿岩体与峨眉山玄武岩过渡关系者，如地质部康滇构造带队 1958 年报告提到“会理红格毛狮子沟、白草板房箐见到辉长岩体与其上的玄武岩的关系是渐变过渡关系”，认为辉长岩体与峨眉山玄武岩为同期产物。

认为含矿岩体晚于峨眉山玄武岩形成的，如 1∶20 万米易幅区测报告提到“白草辉长岩体侵位于晚二叠世峨眉山玄武岩中，又被二叠世正长岩侵入，辉长岩体属华力西晚期形成”，中科院贵阳地化所。对红格岩体进行 U－Pb 法 5 部分样品测试结果加权平均年龄(259.3±1.3)Ma，新街 1 件样品测试结果(259.3±3)Ma，同地区基性—超基性伟晶岩年龄为(262±3)Ma，红格岩体侵入于峨眉山玄武岩第Ⅱ火山旋回，并穿上部旋回，峨眉山玄武岩早于含矿岩体形成。

峨眉山玄武岩在白草、安鞍山、红格矿区东侧地表出露一套次火山(超浅成相)的辉绿辉长岩－辉长辉绿岩－细晶辉长岩，东侧大黑山、李子树、月亮山一带出露为一套致密块状玄武岩、杏仁状玄武岩、斑状玄武岩，在钒钛磁铁矿科研协组 1985 年及 1972 年马鞍山矿区勘查大比例尺地质填图的基础上，确定辉绿辉长岩等(即超浅成相次火山岩)与东侧峨眉山玄武岩为过渡关系。

该区 20 世纪 70～80 年代先后开展了马鞍山、安宁村、白草、红格等矿区钒钛磁铁矿勘查工作，并未发现含矿岩体侵位于玄武岩中，只是在玄武岩次火山相-辉绿辉长岩、细晶辉长岩分布地带见到大量的钒钛磁铁矿的残留顶盖或俘虏体。马鞍山矿的陈家坪子矿段为辉石岩型矿石，马屎坡、李子树橄辉矿石，出露面积 0.1～0.2km^2，“底板”为玄武岩(李子树)、辉绿辉长岩(马屎坡、陈家坪子)。在上述矿段矿体之外还见有若干大小不等(大者数平方米、小者数至数十平方厘米)矿石捕掳体。白草矿区及安宁村矿潘家田矿段仅见到辉长岩和辉石岩上部的矿体，辉石岩中、下部及橄辉岩矿体不存在，深部矿体破坏尤为严重，在其中周围(尤其东侧)出露很多大小不等的辉石岩型矿石俘虏体。据此，认为红格含钒钛磁铁矿基性—超基性岩体早于峨眉山玄武岩形成。

对于含矿岩体生成时期，表海华等(1984)提供的研究成果表明，曾对攀枝花、红格、白马、太和四大矿区(田)岩体及新街岩体提供两组 K－Ar 法同位素年龄数据：一组表面年龄为 487.1～422.3Ma，等时线年龄为(338.73±0.90)Ma，一组表面年龄 487.1～395.0Ma，等线年龄 382.19Ma，属泥盆纪；峨眉山玄武岩表面年龄 236.8～210.8Ma，等时线年龄为(227.86±13.20)Ma，属华力西晚期；侵入岩体中的伟晶岩、辉绿岩表面年龄为 209.2～140.7Ma，等时线年龄为(190.79±0.86)Ma，与玄武岩接近。

第六节　含矿岩体顶底板

岩体(层)的顶盖已被剥蚀，底板仅部分保留，厚度不清。据资料，含矿岩体总厚度在 1500m 以上。

矿岩底板主要为震旦系上统灯影组(Zbdn)白云质灰岩，普遍角岩化、蛇纹石化、透辉石化和石榴子石化，部分岩体底板为前震旦系变质岩；部分为后期岩浆岩包围，完全见不到底板。

第七节　矿体基本特征

矿体赋存于华力西期基性超基性岩体中。成矿岩体分异特征明显，韵律结构及层(流)状构造发育。矿体主要分布在岩体下部或底部，中、上部仅有一些规模较小的矿体，且矿石品位较低。矿体呈层状、似层状、条带状、透镜状产出，产状与岩层产状一致。

主要矿体厚度数十米至 100 余米，累计厚度 100 余米至 300 余米，局部可 500m 左右；延长数百米至数千米；延深一般数百米至 1000m 左右，最深可达 1500m。

主要矿体集中分布在岩体下部或韵律旋回下部，矿石品位较富，部分伴生组分也相应较富；中、上部岩层中只有部分规模小、品位低的矿体，且分散分布。

第八节　矿石特征

一、矿石矿物

矿石矿物有铁钛氧化物、硫(砷)化物及硅酸盐、磷酸盐类，矿物可达数十种(表4-4)。不同含矿岩不同类型矿石主要矿物含量不完全一致(表4-5)。

表4-4　钒钛磁铁矿的矿石矿物一览表

金属矿物		造岩矿物及付矿物	
氧化物	硫化物、砷化物和锑化物	原生	次生
一、钛磁铁矿-铬钛磁铁矿-钛铬铁矿 主晶：磁铁矿、铬铁矿 晶粒内部固溶体分离物有：镁铝尖晶石、镁铁尖晶石、铬尖晶石、钛铁矿、钛铁晶石 次生和表生矿物钛磁铁赤铁矿、褐铁矿、赤铁矿、钙钛矿、榍石、白钛矿 二、镁铝尖晶石-镁铁尖晶石-铁尖晶石 三、粒状钛铁矿 主晶：钛铁矿 晶粒内部固溶体分离物有：钛磁铁矿、磁铁矿、赤铁矿、钛赤铁矿、镁铝尖晶石 次生表生矿物：金红石、钙钛矿、板钛矿、锐钛矿、榍石、白钛矿 四、磁铁矿、磁赤铁矿	一、铁的硫砷化物 磁黄铁矿、黄铁矿、毒砂、白铁矿 二、铜矿物 黄铜矿、方黄铜矿和等轴方黄铜矿、墨铜矿、辉铜矿、铜蓝 三、钴镍矿物 镍黄铁矿和钴镍黄铁矿、紫硫镍矿和钴紫硫镍矿、硫钴矿和硫镍钴矿、砷镍矿(假红镍矿)、针镍矿、辉钴矿和镍辉钴矿、砷镍矿(假红镍矿)、红砷镍矿、斜方砷钴矿、方钴矿、锑硫镍矿、红锑镍矿、哈帕莱矿 四、铂族矿物 砷铂矿、硫锇钌矿 五、其他硫化物 辉钼矿、方铅矿和闪锌矿、自然铅	贵橄榄石、斜长石、含钛普通辉石、异剥石、透辉石、次透辉石、钛普通角闪石、黑云母、金云母，付矿物：磷灰石、榍石	蛇纹石、绿泥石、次闪石、透闪石-阳起石、假象纤闪石、滑石、水镁石、方解石、伊丁石、包林皂石、绿帘石、绢云母、葡萄石、高岭石、沸石、榍石、白钛矿、黑柱石、石榴子石

1. 铁钛氧化物

铁钛氧化物主要为钛磁铁矿、钛铁矿，它们实际包括尖晶石族的三个矿物系列，即钛磁铁矿-钛铬铁矿系列、镁(铝)尖晶石-铁尖晶石系列、镁铁尖晶石-镁铁铬尖晶石系列及钛铁晶石、磁铁矿、钛磁赤铁矿、钛铁矿、钙钛矿、金红石、锐钛矿、板钛矿、赤铁矿等。

(1)钛磁铁矿-铬钛磁铁矿-钛铬磁铁矿。本系列矿物成分是逐渐过渡的，钛磁铁矿占绝对优势。钛磁铁矿是一种含有尖晶石、钛铁晶石、钛铁矿等出溶物的磁铁矿，是主要含铁矿物，也是含钛、钒、铬、镓的重要矿物，还含少量锰和钴、镍、铜。形成时期分可分五期，主要是岩浆晚期形成，通常与钛铁矿一起呈半自形、它形粒状集合体充填在斜长石、辉石、橄榄石粒间，形成网环结构、海绵陨铁结构和粒状镶嵌结构，是本区铁钛氧化物主要产出形式，占总量90%以上。次生矿物有绿泥石、榍石、白钛矿、钙钛矿等。据221件人工重砂样钛磁铁矿化学分析结果：TFe为54.58%~63.32%、V_2O_5为0.36%~0.83%、Cr_2O_3为0.022%~0.98%、TiO_2为6.14%~15.27%、Ga为0.0030%~0.0067%。

表 4-5　各类矿石主要矿物体积平均含量统计表

矿石品级	矿区名称	金属矿物名称及体积含量							脉石矿物名称及体积含量								
		钛磁铁矿		钛铁矿		硫化物		合计/%	橄榄石		辉石		斜长石		角闪石		合计/%
		含量/%	样品件数	含量/%	样品件数	含量/%	样品件数		含量/%	样品件数	含量/%	样品件数	含量/%	样品件数	含量/%	样品件数	
Fe_4(TFe15.00%～19.99%)	红格	11.70	22	9.44	21	1.17	22	22.31	5.86	11	48.29	20	21.26	10	4.44	14	79.85
	攀枝花	13.64	7	8.46	7	0.82	5	22.92	1.46	6	28.94	6	40.49	6	1.97	5	72.86
	白马	12.34	7	3.33	7	1.24	7	16.91	11.83	7	19.78	7	48.33	7	1.30	7	81.24
	太和	13.75	2	10.65	2	0.75	2	25.15	0.59	1	31.69	2	37.42	2	3.60	1	73.30
Fe_3(TFe20.00%～29.99%)	红格	25.27	40	9.26	38	1.34	40	35.87	10.44	34	40.15	34	19.14	9	2.32	19	72.05
	攀枝花	26.38	8	6.44	8	1.08	8	33.90	1.98	7	32.69	8	27.16	8	3.07	8	64.90
	白马	23.52	13	4.70	13	1.39	13	29.65	26.51	13	15.14	13	25.03	13	1.50	13	68.18
	太和	23.08	8	8.65	8	0.94	6	32.67	1.52	2	55.40	6	13.58	6	2.28	2	72.78
Fe_2(TFe30.00%～45.00%)	红格	55.77	42	10.07	42	0.71	42	66.55	10.84	33	21.23	34	1.69	5	1.45	22	35.21
	攀枝花	50.53	10	11.06	10	1.43	10	63.02	2.00	10	17.34	10	14.30	9	3.02	10	36.66
	白马	46.33	10	6.66	10	1.51	5	54.50	20.18	10	10.15	10	9.36	10	1.78	8	41.47
	太和	51.57	9	14.90	9	1.59	7	68.06	1.00	4	14.06	9	17.52	9	1.34	4	33.92
Fe_4(TFe≥45.00%)	攀枝花	76.10	11	8.52	11	2.01	9	86.63	0.79	9	6.64	9	3.53	9	3.35	11	14.31
	太和	75.26	7	11.81	7	0.55	4	87.62	0.42	2	3.14	7	9.03	7	0.85	2	13.44

(2)镁(铝)尖晶石-镁铁尖晶石-铁尖晶石。除在钛磁铁矿-钛铬铁矿、钛铁矿中呈固溶体分离物的各种尖晶石外，还有两种产状的尖晶石，主要是在岩浆晚期与钛磁铁矿、钛铁矿一起晶出的尖晶石，呈自形、半自形晶粒状，分布在钛磁铁矿、钛铁矿与硅酸盐矿物粒间，含量小于0.5%。另一种尖晶石产于细粒斜长岩脉中，呈自形、半自形粒状，粒度为0.03～0.3mm，最大可达0.6mm，和钛铁矿、钛磁铁矿一起在细粒斜长岩脉呈条带状分布。

(3)钛铁矿。钛铁矿是主要钛矿物，亦含有一定量的铁和其他微量元素，和钛磁铁矿紧密共生，产状与钛磁铁矿基本一致。主要为岩浆晚期形成，晶粒内部有钛磁铁矿、尖晶石，次生矿物有金红石、锐钛矿、钙钛矿、榍石等。钛铁矿据237件人工重砂样品分析结果统计：TFe为25.29%～37.44%(一般为30%～33%)，TiO_2为45.80%～54.88%(一般为48%～52%)，MnO为0.18%～1.43%(一般为0.5%～1.00%)。

2.硫(砷)化物

矿石中硫(砷)化物含量总量为0.5%～2.0%，主要磁黄铁矿、黄铁矿，占90%以上。其余硫(砷)矿物种类多，且有多种Co、Ni、Cu矿物及少量铂族矿物。其产出主要为集合体分布在铁钛氧化物、硅酸盐矿物粒间；其次呈乳滴状、星点状分散在氧化物矿物粒内，呈细脉、网脉状产出；蚀变作用形成片状、板状集合体产出。据254件人工重砂样硫化物分析结果：Co为0.07%～8.10%(一般为0.20%～1.00%)，Ni为0.01%～18.53%(一般为1%～3%、红格矿区一般为3%～5%)，Cu为0.01%～7.28%(红格矿区稍高一般为1%～2%)。

3.硅酸盐和磷酸盐矿物

硅酸盐矿物主要有斜长石、辉石、橄榄石，其次为角闪石、金云母、黑云母等；磷酸盐矿物为磷灰石。

(1)斜长石以半自形板条状为主，粒度一般0.5～3mm，以拉长石为主，常呈定向排列。斜长石在基性岩体中整个岩体都很发育，自下而上逐渐增加；基性—超基性岩体中，下部岩层中含量很少或不含，上部岩层中含量增多。41件人工重砂样品斜长石化学分析成果：TFe为0.05%～2.43%、TiO_2为0.04%～0.16%、Fe_2O_3为0.00%～2.08%、FeO为0.08%～2.38%。

(2)辉石为钛普通辉石，是含钛的次透辉石-普通辉石的简称，钛普通辉石有两种产出形式：一种与橄榄石、斜长石同时形成，粒度一般0.2～3mm，构成粒状镶嵌结构和辉长结构，它占辉石总量的95%以上；一种比铁钛氧化物、橄榄石、斜长石形成晚，颗粒粗大，形成各种嵌晶结构，各岩体中分布最普遍。钛普通辉石81件人工重砂样品化学分析成果：TiO_2为1.12%～4.00%、TFe 1.12%～7.47%、Fe_2O_3为0.15%～4.21%、FeO为1.39%～8.90%、MnO为0.032%～0.32%。

(3)橄榄石呈自形、半自形、它形粒状，粒度一般0.5～2mm，最大可超过5mm，大多数与辉石、斜长石同时晶出，形成镶嵌结构。除太和岩体一般只含1%外，其余岩体在下部都能形成橄榄岩和橄榄辉岩层或条带。红格、白马岩体20件人工重砂橄榄石样品化学分析成果：TFe为0.69%～19.60%、TiO_2为0.04%～1.08%、Fe_2O_3为0.51%～4.07%、FeO为0.51%～23.42%、MnO为0.016%～0.42%。

(4)钛普通角闪石是最晚生成的矿物之一，它包裹早形成的各种硅酸盐矿物和铁钛氧化物。含量一般小于5%，仅在红格岩体底部一些岩层可达10%～20%。钛普通角闪石粒度一般1～2cm。7件人工重砂样品化学分析成果：TFe为8.50%～9.47%、TiO_2为3.61%～4.48%、MnO为0.05%～0.16%、Fe_2O_3为2.42%～4.47%、FeO为7.07%～9.23%、V_2O_5为0.04%～0.08%。

(5)磷灰石主要分布在岩体上部岩相中，含量一般1%左右，红格、太和岩体上部辉长岩带部分岩层可达15%左右。磷灰石呈自形板状晶体，长0.2～1mm，宽0.08～0.3mm，大致呈定向排列。

二、矿石结构构造

矿石结构构造较为复杂，从成因可分为早期岩浆阶段、中晚期岩浆阶段和岩浆后期阶段三个时期，以前两个阶段生成的结构构造为主。由于成因不同、铁钛氧化物与脉石矿物的形态、粒度及其相互排列关系和各种不同构造类型在矿石的排列组合关系也不同，而形成各式各样的结构构造，如表4-6所示。

表4-6　矿石结构构造及对应关系一览表

生成时期		矿石结构	矿石构造	
			铁钛氧化物均匀分布	铁钛氧化物分布不均匀
岩浆期	早期	嵌晶状团粒结构 嵌晶(包含)结构 假斑状嵌晶结构	均匀浸染状按铁钛氧化物含量(体积)分为五种：星散浸染状(10%～20%)、稀疏浸染状(20%～35%)、中等浸染状(35%～60%)、稠密浸染状(60%～85%)、致密块状(>85%)	条带状构造分为稀疏条带状(条带小于30%)、密集条带状(条带大于30%)及薄层状、斑杂状、流状(流索)状构造
	中晚期	填隙结构、海绵状陨铁结构、假斑状陨铁结构、粒状镶嵌结构、网络结构、反应包结构、似文象结构、粒状结构、固溶体分离结构		
岩浆期后	气成热液阶段	交代结构		细脉状构造、网脉状构造
	动力及后期岩浆破坏	碎裂结构、压碎结构、碎斑结构、胶结结构		块状构造、片状构造、角砾状构造、网脉状构造
	表生作用	交代结构、充填结构		蜂窝状构造、疙瘩状构造、土状粉末状构造

1. *矿石结构*

(1)嵌晶(包含)结构：在粗大的钛普通角闪石、钛普通辉石中包嵌着钛铁氧化物、橄榄石和少量基性斜长石、磷灰石微细粒。被包嵌的钛铁氧化物是早期岩浆结晶产物(堆积晶)，而钛普通角闪石和钛普通辉石则是晶间物质，在晚期结晶形成。

(2)全自形嵌晶状团粒结构：粒度为0.05～0.06mm的铬钛磁铁矿-钛铬铁矿系列的矿物与粒度<0.1mm的钛普通辉石的细粒集合体，呈团粒状分布在中-粗粒橄榄石晶粒内组成。

(3)假斑状嵌晶结构：它形不规则粒状的含钛普通辉石、钛普通角闪石中包嵌着大量细小的钛磁铁矿、钛铁矿晶粒，有的还同时包含着橄榄石、钛普通辉石。被包嵌的矿物粒度悬殊，其中由一些较大的钛普通辉石构成假斑晶，形成假斑状嵌晶结构。

(4)网络(环)结构：是岩浆中期嵌晶-海绵陨铁结构之间的一种过渡型结构，由自形-半自形钛磁铁矿、钛铁矿集合体组成网络(环)，其中不含或含少量硅酸盐矿物。网眼则为稍晚结晶的橄榄石、辉石的单晶或聚晶，它往往又包含了金属矿物，常形成稀疏-中等浸染状矿石。

(5)海绵陨铁结构：钛磁铁矿、钛铁矿(或硫化物)的半自形-它形粒状集合体似胶结物填布在先结晶出的橄榄石、辉石、基性斜长石等硅酸盐脉石矿物粒间，并往往将脉石矿物熔蚀成浑圆状。

根据铁钛氧化物与脉石矿物间的量比例关系，又可分为三个结构亚类，铁钛氧化物10%～20%称填隙状海绵陨铁结构；20%～60%称海绵陨铁结构；当铁钛氧化物含量大于60%时，以金属矿物为主，较粗大的脉石矿物独立或聚晶，像斑晶一样分布在铁钛氧化物“基质”中，故称为“假斑”，这种结构为假斑状陨铁结构。海绵陨铁结构是岩浆晚期铁钛氧化物结晶形成矿石的典型结构，结构亚类的出现是由岩浆中铁钛富集的浓度不同形成的。

(6)半自形-他形粒状镶嵌结构：铁钛氧化物占绝对优势，是块状矿石的典型结构，钛磁铁矿、钛铁矿晶粒紧密镶嵌而成，二者粒度一致。与海绵陨铁结构相比，粒度稍粗，自形程度稍高。脉石矿物晶出较晚，常呈不规则状零星充填分布在铁钛氧化物粒间。

(7)结状结构：是一种局部出现的结构，在紧密镶嵌的钛磁铁矿晶粒间，有时可见细粒的钛铁矿、尖晶石，粒度仅为钛磁铁矿的几分之一，称为结状结构；它们是钛磁铁矿中分离出来的固溶物，有时还见到这些钛铁矿、尖晶石依钛磁铁矿晶形补生，使钛磁铁矿具完好的自形晶体，可称为补自形晶结构。

(8)反应边结构：是岩浆晚期甚至岩浆期后形成的一种特殊结构。早期生成的钛普通辉石、橄榄石、基性斜长石等硅酸盐矿物，晚期与铁钛质熔浆发生反应，而形成宽窄不一的钛普通角闪石(偶见橄榄石)的反应边，围绕上述硅酸盐矿物晶粒边缘分布。

(9)似纹象结构和纹象结构：角闪橄辉岩或角闪橄榄辉石岩型矿石中，钛磁铁矿呈不规则状嵌布于角闪石、辉石大主晶粒中形成的一种结构。

(10)交代结构：由于自变质作用、构造作用和岩浆后期热液蚀变作用，矿物的交代关系发育，部分或全部转变为一些后生或次生矿物。这些交代现象往往沿矿物的解理、裂纹、粒缘进行。交代作用强烈时则形成假象交代。

(11)压碎结构：在外力作用下，矿石常发生挤压破碎现象，形成大小裂隙和大小不等的破碎角砾。

2. *矿石构造*

(1)浸染状构造：是钒钛磁铁矿主要矿石构造类型，金属矿物以细小单晶或连晶集合体分布在硅酸盐晶粒间，依铁钛氧化物与脉石矿物的比例划分为星散浸染状、稀疏浸染状、中等浸染状、稠密浸染状构造。

(2)致密块状结构：铁钛氧化物含量大于85%，呈致密结合体产出，常由单一的粒状镶嵌结构组成。

(3)条带状构造或薄层状构造：是由铁钛氧化物或夹带铁钛氧化物的暗色矿物在相对浅色背景上较高程度的集中，定向排列且连续性较好，从而形成两种不同构造类型的条带，相互更迭而成。条带宽度变化大，由数毫米至数十厘米。条带宽度大于20cm且稳定延伸者，称薄层状构造。

(4)流斑状(流索状)构造：细粒辉石集合体呈透镜状、眼球状或短条带状定向排列，断续分布在辉石岩型、橄榄岩型稠浸矿石或块状矿石中，常集中成群出现。

(5)斑杂状构造：由两种不同结构类型的矿石组成，二者无明显的分布规律，以此区别于条带状构造和薄层状构造。

(6)流状构造：浅色矿物和暗色矿物(夹带星点状铁钛氧化物)略显集中分布，呈定向拉长排列。浅色矿物较集中且有一定连续性时，即形成流索状构造。

三、矿物粒度

根据常用矿物粒度划分标准(伟晶>10mm、粗粒10～5mm、中粒5～2mm、细粒2～0.2mm、微粒<0.2mm)，本区钒钛磁铁矿基本都是细粒状矿石。其中钛磁铁矿、钛铁矿粒度基本相同，中富矿中钛磁铁矿、钛铁矿比贫矿中钛磁铁矿、钛铁矿粒度稍小；硫化物粒度多小于0.2mm，仅白马矿区稍粗；脉石矿物一般为中细粒，以细粒为主。本区钒钛磁铁矿矿石矿物粒度较细是共同的特征之一，如表4-7所示。

表4-7　矿石主要矿物粒度表

矿物名称	粒度/mm		红格	攀枝花	白马	太和
钛磁铁矿	贫矿石	最大	1～3	1.2	1	2
		一般	0.1～0.5	0.1～0.8	0.2～0.7	0.1～0.2
		最小	0.01	0.05	0.1	0.01～0.08
	中富矿石	最大	4～7	2	1.5	10
		一般	0.5～1	0.3～1.5	0.3～1.5	0.25～2
		最小	<0.5	<0.3	<0.3	<0.2

续表

矿物名称	粒度/mm	红格	攀枝花	白马	太和
钛铁矿	最大	2	>1.5	2.2	2
	一般	0.3～1	0.4～1.5	0.1～1	0.2～1.5
	最小	0.01～0.2	<0.4	<0.1	<0.2
硫化物	最大	0.7～2	>0.5	>1	0.5
	一般	0.05～0.26	0.1～0.2	0.2～0.5	0.05～0.25
	最小	0.002	0.01	<0.1	0.025
橄榄石	最大	>5	>0.5	>1	>1
	一般	0.5～2	0.5～0.25	0.2～1	0.3～1
	最小	0.1～0.4	<0.1	<0.2	<0.3
辉石	最大	10	5	10～20	>1
	一般	0.2～3	0.2～2	0.4～1.5	0.3～1
	最小	0.02～0.15	0.05～0.1	<0.3	<0.3
斜长石	最大	>3	4	>5	>2
	一般	0.5～3	0.2	0.5～2	0.3～2
	最小	<0.5	0.05	0.1～0.5	<0.3

四、矿石类型

矿石类型有自然类和工业类型两种表述方式。

1. 矿石自然类型

矿石自然类型主要是依据矿物含量的比例划分：一是金属矿物(铁钛氧化物)与脉石矿物之比；二是脉石矿物主要原生硅酸盐矿物之比；三是金属矿物中钛磁铁矿和粒状钛铁矿之比。实际工作是根据前两类比例划分矿石基本类型。

矿石自然类型按金属矿物和脉石矿物的比例分为星散浸染矿石、稀疏浸染矿石、中等浸染状矿石、稠密浸染状矿石、块状矿石。这种划分只考虑金属矿物的百分含量，不考虑它们的分布特征。按脉石矿物中原生硅酸盐矿物比例划分含矿岩石基本类型，含矿岩石定名与一般岩石分类命名标准一致。从矿石类型着眼，只根据斜长石、辉石、橄榄石所占比例划分为辉长岩、橄长岩、辉石岩、橄辉岩四种主要含矿岩石类型。据此，大致可将本区钒钛磁铁矿石划分为20个基本类型(表4-8)。

表4-8　矿石自然类型划分一览表

岩石类型	$10\leqslant x<20$	$20\leqslant x<35$	$35\leqslant x<60$	$60\leqslant x<85$	$x\geqslant85$
辉长岩型	辉长岩型 星浸矿石	辉长岩型 稀浸矿石	辉长岩型 中浸矿石	辉长岩型 稠浸矿石	辉长岩型 块状矿石
橄长岩型	橄长岩型 星浸矿石	橄长岩型 稀浸矿石	橄长岩型 中浸矿石	橄长岩型 稠浸矿石	橄长岩型 块状矿石
辉石岩型	辉石岩型 星浸矿石	辉石岩型 稀浸矿石	辉石岩型 中浸矿石	辉石岩型 稠浸矿石	辉石岩型 块状矿石
橄辉岩型	橄辉岩型 星浸矿石	橄辉岩型 稀浸矿石	橄辉岩型 中浸矿石	橄辉岩型 稠浸矿石	橄辉岩型 块状矿石

注：x为金属矿物体积含量，单位为%

当角闪石、磷灰石含量大于5%、硫化物含量大于3%时，将矿物名称加在基本名称之前参加矿石命名；如角闪橄辉岩型稀浸矿石、富磷灰石辉长岩型星浸矿石、富硫化物辉石岩型中浸矿石等；若矿石具有典型结构构造，也可将典型结构构造加在矿石类型前面，如嵌晶状角闪辉石岩型稀浸矿石等。

2.矿石工业类型

矿石工业类型基本按矿石含铁量(TFe)划分，不同时期和同矿区划分不一致(表4-9)。20世纪50～60年代勘探的攀枝花、太和矿区划为富矿(Fe_1)、中矿(Fe_2)、贫矿(Fe_3)及表外矿(Fe_4)4类；20世纪70～80年代勘探的白马、红格矿区因富矿极少未单独划出，中矿和贫矿又不单独开采，则仅划为表内矿(Fe_{2+3})和表外矿(Fe_4)；2009年整装勘查开始采用工业矿石(Fe_1)、低品位矿石(Fe_2)两类。

四川省国土资源厅2013年5月21日以川国资函(2013)578号文《攀西地区钒钛磁铁矿一般工业指标的通知》确定的工业指标：边界品位(TFe)13%，最低工业品位(TFe)17%，矿床平均品位(TFe)≥19%、TiO_2≥4%、V_2O_5≥0.1%。

表4-9 不同时期矿石工业类型划分对照表

矿区名称	TFe含量/%				备注
	≥45.00	44.99～30.00	29.99～20.00	19.99～15.00	
攀枝花矿区(1958年)	富矿(Fe_1)	中矿(Fe_2)	贫矿(Fe_3)	表外矿(Fe_4)	
太和矿区(1969年)	富矿(Fe_1)	中矿(Fe_2)	贫矿(Fe_3)	表外矿(Fe_4)	
红格矿区(1980年)		表内矿(Fe_{2+3})		表外矿(Fe_4)	
白马矿区(1989年)		表内矿(Fe_{2+3})		表外矿(Fe_4)	
整装勘查暂用(2009年至今)		工业矿石(Fe_1)		低品位矿石(Fe_2)	

五、矿石有用(益)组分分配规律及其赋存状态

钒钛磁铁矿矿石有用(益)组分除铁外，还有钛、钒、铬、锰、钪、钴、镍、铜、镓、铂族元素、硒、碲、硫、磷等(表4-10)。矿石有用(益)组分分配律(即理论回收率，下同)根据元素赋存状态的相似性将其划分3组。

1.钒、钛、钪、铬、镓、锰分配规律

上述元素主要赋在于钛磁铁矿、钛铁矿中，脉石矿物中少量，硫(砷)化物中量微。铁在钛磁铁矿、钛铁矿中分配律占75%～99%，其中钛磁铁矿约占51%～93%；TiO_2占

表 4-10　岩(矿)石主要有(用)益组分平均含量统计表

矿石品级	矿区名称	有用(益)组分含量/%										
		TFe	FeO	Fe_2O_3	TiO_2	V_2O_5	MnO	Cr_2O_3	CO	Ni	Cu	Ga
岩石(TFe<15%)	红格	12.05/2	10.40/2	5.74/2	3.69/2	0.11/2	0.16/7	0.0035/2	0.005/2	0.009/2	0.005/2	
	白马	13.38/7	13.53/7	4.685/6	3.12/7	0.128/7	0.085/7	0.009/2	0.009/7	0.023/7	0.022/5	0.0020/1
	太和	12.29/1	10.22/1	6.22/1	3.50/1	0.13/1	0.06/1		0.002/1	0.027/1	0.018/1	
Fe_4(TFe15%~19.99%)	红格	17.91/30	14.84/18	10.44/16	7.81/30	0.14/30	0.214/23	0.098/27	0.011/23	0.028/27	0.014/27	0.0016/9
	攀枝花	16.99/6	14.79/6	7.87/6	7.76/6	0.16/6	0.167/6	0.20/5	0.014/6	0.009/6		0.0032/6
	白马	17.29/8	17.98/8	4.75/8	3.93/8	0.127/8	0.208/8	0.034/5	0.011/8	0.022/7	0.043/3	0.0023/6
	太和	18.13/4	17.81/4	6.20/4	7.72/4	0.161/4	0.26/4		0.005/4	0.004/4	0.010/4	0.0022/4
Fe_3(TFe20%~29.99%)	红格	24.07/50	18.44/29	14.85/28	9.12/50	0.21/50	0.231/50	0.267/48	0.018/49	0.083/49	0.042/49	0.0020/18
	攀枝花	23.87/8	22.34/8	9.05/8	8.98/8	0.20/8	0.16/8	0.169/8	0.014/8	0.015/8		0.0033/8
	白马	25.84/21	22.37/21	11.59/21	5.98/21	0.247/21	0.299/21	0.103/4	0.015/21	0.029/21	0.031/16	0.0021/4
	太和	22.34/7	18.73/7	10.15/7	9.41/7	0.172/7	0.27/4		0.007/7	0.002/7	0.017/7	0.0020/7
Fe_2(TFe30%~44.99%)	红格	38.38/64	23.59/35	28.78/33	14.04/64	0.359/64	0.299/57	0.415/59	0.024/59	0.105/59	0.038/59	0.0029/22
	攀枝花	38.00/11	26.84/11	24.51/11	14.08/11	0.364/11	0.24/11	0.141/11	0.017/11	0.017/11		0.0034/11
	白马	34.41/15	24.89/15	21.21/15	8.17/15	0.350/11	0.383/15	0.07/2	0.019/15	0.070/15	0.045/12	0.0025/3
	太和	39.13/13	29.26/13	23.52/13	16.17/13	0.356/10	0.35/8		0.011/13	0.010/13	0.017/13	0.0029/2
Fe_1(TFe≥45%)	攀枝花	48.04/11	34.85/11	29.97/11	16.72/11	0.44/11	0.29/11	0.12/10	0.023/11	0.0157/11		0.044/11
	太和	46.63/7	26.91/7	36.86/7	17.05/7	0.42/7	0.37/3		0.013/7	0.006/7	0.014/7	0.0042/2

注：右下角为统计样品件数。

90%～99%，其中钛铁矿约占 26%～76%；V_2O_5 占 90%～99%，其中钛磁铁矿约占 80%～99%；Cr_2O_3 占 90%～99%，其中钛磁铁矿约占 87%～99%；镓占 50%～72%，主要赋存于钛磁铁矿中。MnO 分布规律不明显，钛铁矿含量较高(0.44%～0.87%)，钛磁铁矿次之(0.20%～0.43%)，脉石矿物含量仅 0.10%～0.18%。

钪只作了少量样品测试，研究程度很低，钪在钛铁矿、钛磁铁矿、脉石矿物(主要钛普通辉石中)均有分布。其中红格矿区原矿为 20.23～32.05g/T，辉长岩中钛铁矿含钪 18.20～22.20g /T，辉石岩、橄辉岩中钛铁矿含钪 24.50～26.44g/T，硅酸盐矿物中含钪 20.80～45.26g/T。攀枝花矿区钛铁矿平均含钪 40.90g/T，白马矿区钛铁矿平均含钪 50.60g/T。

镓主要赋存于钛磁铁矿中，分配律占 50%～72%；脉石矿物中占 28%～50%；硫化物含量极少。

2.钴、镍、铜、硫及硒、碲、铂族元素分配规律

钴、镍、铜除以硫化物形式存在外，尚有相当数量分布在钛磁铁矿和脉石矿物中，少量混在钛铁矿中。几种元素分配特征不尽相同，即使同一种元素在不同矿床亦有较大的差异。在硫化物中钴的分配率为 21%～80%，一般 45%～60%；镍的分配率为 13%～91%，一般为 40%～60%；铜的分配率为 13%～85%，一般为 30%～70%。硫在硫化物中为 76%～98%。

硒、碲研究较少，研究人员仅对红格矿区的硫化物作一些工作。硫化物中平均含量 Se 为 0.0028%～0.0048%，Te 为 0.003%～0.005%；从它们的地球化学特征考虑，Se、Te 主要呈类质同象赋存于硫化物矿物中。铂族元素曾对白马矿区田家村矿段和红格南矿区作过一些研究工作，在硫化物精矿中发现有砷铂矿和硫锇钌矿。

铂族元素曾对新街超基性岩中含铬较高的矿石进行较深入的研究，从人工重砂中获得的硫化物精矿(Cu 20.89%、Ni 7.30%、Co 0.57%、Se 0.022%、S 32.85%、TFe 31.43%)的铂族元素含量为 Pt 1.77g/T、Pd 2.70g/t、Os 0.58g/T、Ir 0.19g/T、Ru 0.22g/T、Rh 0.084g/T，铂族合计 5.544g/T。经元素分配率计算，铂族元素有 95%赋存在于硫化物中。

3.磷分配规律

磷富集于各含矿岩体上部的流状暗色辉长岩部分辉长岩型矿石(一般为低品位矿石)中，矿石中磷灰石局部含量可达 5%～10%。对红格矿区中 2 件样品平衡计算结果证实，99%的 P_2O_5 存在于磷灰石中。

第九节 钒钛磁铁矿矿床类型

攀西地区钒钛磁铁矿为赋存于华力西期基性、超基性岩体中的岩浆矿床，以往将其划归岩浆晚期分异型矿床，近期根据新获得成果认为主要为分异型矿床外，可能还存在个别贯入型矿床(?)。本次将攀西地区钒钛磁铁矿按成因划分为岩浆分异型钒钛磁铁矿床和岩浆贯入型钒钛磁铁矿床两大类，其中岩浆分异型按其岩石类型不同又可分为岩浆分异基性岩型和岩浆分异基性－超基性岩型，如表 4-11 所示。

表 4-11 攀西地区钒钛磁铁矿成因类型一览表

<table>
<tr><th>矿区名称</th><th>矿床成因类型</th><th>岩石类型</th><th>成矿区带</th><th>成矿时代</th></tr>
<tr><td>攀枝花市西区攀枝花矿区</td><td rowspan="16">岩浆晚期分异型</td><td>辉长岩型
(基性)</td><td rowspan="24">Ⅲ-76</td><td rowspan="24">华力西期</td></tr>
<tr><td>米易白马矿区</td><td>辉长岩-橄长岩含长橄辉岩型
(基性—超基性)</td></tr>
<tr><td>西昌太和</td><td>辉长岩型
(基性)</td></tr>
<tr><td>盐边红格</td><td rowspan="12">辉长岩-辉石岩-橄辉岩型
(基性—超基性)</td></tr>
<tr><td>米易会理安宁村</td></tr>
<tr><td>盐边中干沟</td></tr>
<tr><td>会理白草</td></tr>
<tr><td>会理秀水河</td></tr>
<tr><td>盐边湾子田</td></tr>
<tr><td>盐边马鞍山</td></tr>
<tr><td>盐边中梁子</td></tr>
<tr><td>盐边白沙坡</td></tr>
<tr><td>盐边一碗水</td></tr>
<tr><td>盐边普隆</td></tr>
<tr><td>米易新街</td></tr>
<tr><td>米易棕树湾</td><td>辉长岩-橄长岩-橄榄辉长岩型
(基性—超基性)</td></tr>
<tr><td>米易黑古田</td><td>岩浆晚期贯入型(?)</td><td rowspan="3">辉长岩型
(基性)</td></tr>
<tr><td>攀枝花市务本</td><td rowspan="2">岩浆晚期分异型</td></tr>
<tr><td>攀枝花市西区飞机湾</td></tr>
<tr><td>德昌巴硐</td><td>岩浆晚期贯入型(?)</td><td rowspan="2">辉长岩-辉石岩型
(基性—超基性)</td></tr>
<tr><td>会理竹箐火山</td><td rowspan="4">晚期岩浆分异型</td></tr>
<tr><td>西昌蜂子岩</td><td rowspan="3">辉长岩型
(基性)</td></tr>
<tr><td>攀枝花仁和区萝卜地</td></tr>
<tr><td>会理半山</td></tr>
</table>

一、岩浆分异型钒钛磁铁矿床

攀枝花、红格、白马、太和等钒钛磁铁矿含矿基性超基性岩规模大，延长数千米至 20 余千米，宽 2km 至数千米，厚 2000～3000m。矿体赋存于岩体下部或中、下部，呈似层状、条带状产出；矿体厚大，累计厚度数十米至300余米，最厚可达500m左右；延长数千米至20余千米，延深达1000m左右，控制最大斜深1200m左右。矿石具浸染状、条带状，部分见块状构造，具嵌晶结构、陨铁结构等。矿石金属矿物主要为钛磁铁矿、钛铁矿，少量磁黄铁矿、黄铁矿及微量钴、镍、铜硫(砷)化物。脉石矿物主要为钛普通辉石、基性斜长石、橄榄石及少量角闪石、磷灰石等。矿石TFe含量一般为20%～35%，高者可达0.45%左右。

攀枝花式钒钛磁铁矿产于层状基性、超基性岩中，岩体分异良好，矿体产状与岩层产状一致，多为似层状，显示矿床的岩浆分异和重力分异机制，为典型的岩浆分异型矿床。在裂谷不断拉张的构造条件下，造成良好的岩浆补给通道，在相对稳定的环境中得以充分的结晶，重力分异，从而堆积成具旋回和韵律结构的含钒钛磁铁矿的层状基性岩体。根据含矿岩体的岩石组合特征，可进一步划分为岩浆分异基性岩型和岩浆分异基性—超基性岩型。

基性岩型的含矿岩体基本为辉长岩组成，仅在岩体底部见有厚数米、长数十米的辉石岩、橄辉岩条带，不形成岩相带；代表性岩体为攀枝花岩体，另有和太和岩体。

基性-超基性型岩体由辉长岩、辉石岩、橄辉岩，辉长岩、辉石岩、橄辉岩等组成，相带厚度均可达数百米，不同岩相均形成厚大矿体(层)。该岩体可进一步分成2种类型，辉长-辉石-橄榄岩型代表性岩体除红格岩体外，还有新街岩体；辉长－橄长－斜长橄辉岩代表性岩体为白马岩体，另有棕树湾岩体。

一般认为，攀枝花式钒钛磁铁矿是典型的岩浆晚期分凝矿床。对攀枝花式钒钛磁铁矿成因类型，一些研究者撰文对其提出不同看法，目前虽未被更多的人采纳，但也是一种新的认识，不妨作简单介绍，供大家参考。地质部矿床地质研究所、四川省地质矿产勘查开发局106队一些研究人员(卢记仁等，1988)在对攀枝花、红格、白马、太和等矿床在以往研究成果的基础上，进一步研究提出了“攀西地区钒钛磁铁矿床是岩浆早期矿床”，研究结果提出：含矿岩体韵律结构具多旋回性，矿体赋存于岩体中下部或韵律旋回底部，矿石自下而上依次发育嵌晶结构、镶嵌结构和海绵陨铁结构，岩石的Fe_2O_3/FeO高。根据地质构造背景和氧逸度估算，岩体熔融状态时处于氧分压较高的环境之中，熔融实验表明铁钛氧化物熔点高、结晶早，在相当大的温度范围内钛铁氧化物与造岩矿物同时结晶，岩体中单斜辉石与钛磁铁矿中的钪、斜辉石与钛铁矿中的锰有良好的协变关系。因此认为，攀西地区钒钛磁铁矿床不是岩浆晚期矿床，而是岩浆早期矿床。

张云湘等(1988)认为，钒钛磁铁矿的成矿作用，似乎从岩浆发生液态重力分异之时就已经开始，以后的成岩、成矿作用实际上是相互协调的统一过程。矿床底部的主成矿层，往往自下而上依次连续形成嵌晶结构-粒状镶嵌结构-海绵陨铁结构矿石，这种矿物矿物生成先后关系，不能作为同一矿层划分岩浆早期、中期或晚期矿床的依据。成矿作用实际上贯穿整个成岩(结晶重力分异-火成堆积)的全过程，为岩浆分异－分凝矿床。

二、贯入式钒钛磁铁矿床(?)

贯入式钒钛磁铁矿区以往未被提及，近年发现个别矿床(点)有类似贯入式矿床的特征，如米易黑谷田矿床、冕宁杨湾矿点。黑谷田矿床赋存辉长岩体主要矿体长1000余米，厚数米至30m左右，延深300～500m，矿体产状近于直立，似脉状；在走向上，倾斜(延深)上收缩、膨胀明显，矿体产状与岩体岩层关系不明，主要矿体与围岩界线较清晰。主矿体矿石品位相对区内其他矿床富。矿石TFe一般为30%～40%，TiO_2一般为12%～15%，V_2O_5一般为0.3%～0.4%；矿石矿物成分与分异型矿床相似。冕宁杨湾磷灰石钒钛磁铁矿点，含矿岩体为辉长岩-橄辉岩类，为印支期石英闪长岩的俘虏体，共发现六个规模很小的矿体，矿体长1～2m，矿体长度小于10m，宽小于1.5m，厚约0.3m，大致走向南北，呈东西排列，互不连通。矿石金属矿物有磁铁矿58%～65%，钛铁矿5%～15%，少量黄铜、黄铁矿。脉石矿物有斜长石、辉石、橄榄石及磷灰石，磷灰石含量18%～34%。矿石品位：TFe为51.74%～57.92%、TiO_2为4.29%～5.49%、V_2O_5为0.33%～0.39%及P为2.12%。该矿点矿物成分及矿石化学成分类似河北承德头沟铁磷矿、马营铁磷矿，它们均属“大庙式”(即贯入式)钒钛磁铁矿。

第五章　主要矿床分述

据本书第四章第九节，攀西地区钒钛磁铁矿矿床产出类型主要表现为岩浆分异型和熔离贯入型两大类，其中岩浆分异型矿床按岩石类型可划分为：岩浆分异基性岩型和岩浆分异基性—超基性岩型。

现将攀枝花钒钛磁铁矿矿床按以上分类进行分述。

第一节　岩浆分异基性岩型

岩浆分异基性岩型矿床是攀西地区钒钛磁铁矿主要代表类型之一，该类矿床含矿岩体位于攀西裂谷带内北东向的攀枝花大断裂东西两侧，由深部岩浆上涌、冷凝、分异形成，含矿岩体主要为基性岩体(辉长岩)，呈层状，韵律结构明显，分异良好。岩体从上到下有以下特征：①含矿岩体基性程度随深度加深而增加，浅部为基性岩，向深部逐渐过渡为超基性岩；②含矿岩体颜色随深度增加而变深，浅部岩体多为浅色辉长岩，向深部逐渐变为暗色辉长岩、橄榄岩；③含矿岩体粒度随深度增加而变粗，浅部多为细粒矿物岩向深部逐渐过渡为中粗粒。

华力西期，裂谷活动中富铁、钛的玄武质岩浆沿断裂上升，侵位于地壳内成岩有利部位——上震旦系白云质大理岩，在裂谷不断拉张的构造条件下，造成良好的岩浆补给通道，加上碳酸盐类岩石的易溶性，扩容了容岩空间，并促进岩浆流动，在其相对稳定的环境中得以充分的结晶，重力分异从而堆积成具旋回和韵律结构的含钒钛磁铁矿的层状基性岩体，比重大的矿物钛铁矿、钛磁铁矿、钛铁晶石等富集于底部，矿体或主要富矿体均产于各韵律层中下部，代表矿床有攀枝花矿床、太和矿床。随着裂谷的进一步扩张，玄武岩浆溢出地表，即形成峨眉山玄武岩。岩体侵位以后，由于后期玄武岩喷溢和岩浆演化，大量碱性岩侵入，因而形成基性侵入岩体，玄武岩和碱性岩“三位一体”的重要找矿标志，成矿模式如图 5-1 所示。

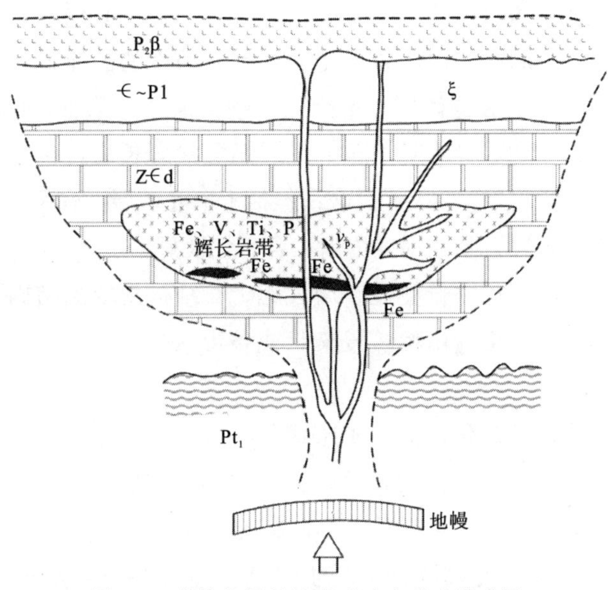

图 5-1　岩浆分异基性岩型矿床成矿模式图

一、攀枝花矿床

1. 含矿岩体基本地质特征

攀枝花含矿辉长岩体位于攀西裂谷带内，受北东向攀枝花区域大断裂控制，时代属华力西期(二叠纪)基性岩，出露面积 40km²，作北东 30°方向延伸，长约 19km、宽 1.0～2.0km，保存最大厚度 2120m。含矿岩体规模较大，岩体内钒钛磁铁矿规模巨大，呈似层状矿体，层位稳定，自东北向西南可分为太阳湾、朱家包包、兰家火山、尖包包、倒马坎、公山、纳拉箐等七个矿段，其中太阳湾、朱家包包、兰家火山、尖包包、倒马坎五个矿段矿层厚，质量好，占全区储量 95%，是主要开采对象。

攀枝花含矿辉长岩体形成三个韵律层，原生层状构造发育，大致走向北东 30°，倾向北西，倾角较陡(50°～70°)，形成一个单斜构造。矿体产状与岩体层状构造一致。层状构造往往由不同矿物成分或浅色岩与暗色岩相互交替而形成。

含矿辉长岩浆分异作用十分清晰，自上而下可分为五个岩带：①顶部浅色层状辉长岩带，偶见铁、钛氧化物矿条；②上部含矿层，位于岩体中部，以含铁辉长岩为主，夹稀疏浸染状矿石，本层富含磷灰石；③下部暗色层状辉长岩带，层状构造清晰，夹含铁辉长岩薄层及钒钛磁铁矿条，与底部含矿层过渡关系；④底部含矿层，为主要赋矿层位，累计厚 60～500m，夹有暗色辉长岩条带，自下而上暗色辉长岩增多，逐步过渡为暗色辉长岩带；⑤边缘带，以暗色细粒辉长岩为主，具一定层状构造，其顶部有厚数米橄榄岩、橄辉岩层，底部与大理石接触，常为角闪片岩，实为辉长岩内变质带。

攀枝花含矿岩体的一级韵律层由岩体上部的辉长岩、中部暗色层状辉长岩、下部中粗粒暗色辉长岩夹橄辉岩和橄榄型矿层组成(图 5-2)。自上而下辉石、橄榄石逐渐增高，斜长石逐渐减少。在一级韵律层内，岩性变化具有旋回性的韵律式变化，因此可进一步划分为Ⅲ$_1$、Ⅲ$_2$、Ⅲ$_3$三个二级韵律层。三个二级韵律层中，第Ⅲ1 韵律层，即底部含矿层，包括Ⅷ、Ⅶ矿层；第Ⅲ$_2$ 韵律层，即中、下部层状辉长岩，包括Ⅵ、Ⅴ、Ⅳ、Ⅲ矿层；第Ⅲ$_3$ 韵律层，即上部浅色层状辉长岩，包括Ⅰ、Ⅱ矿层。在每个韵律层中自上而下辉石和橄榄石逐渐增多，岩石基性程度增高，含矿性变好。

各级韵律层内自上而下矿物粒度逐渐增大。矿石结构由填隙结构、嵌晶结构至韵律层下部海绵陨铁结构。矿石构造由稀疏浸染状或条带状构造，至下部稠密浸染状、条带状直至块状构造。

整个辉长岩体中均可见矿化，但具矿床意义的主要有三个层位，即：①位于层状辉长岩下部的底部含矿层；②位于层状辉长岩的中下部含矿层；③位于粗粒暗色辉长岩中的透镜状矿体。三个含矿层中最主要是下部含矿层，也是主要开采对象。

位于辉长岩下部的含矿层是攀枝花铁矿的主矿层，位于辉长岩体下部的边缘带之上，呈似层状。矿层与岩体层状构造一致，矿层稳定、规模大、分布连续，可见露头长达 15km，矿层倾斜延伸亦较稳定，勘查证实延伸深度 1200m 左右，矿层厚度、品位均变化不大。矿体最厚可达 500m(朱家包包)，平均厚度为 250m 左右。矿层含矿率为 65%，平均 TFe33.23%、$TiO_2$11.63%、$V_2O_5$0.30%。矿层以致密块状矿石为主，夹浸染状矿石，夹石很少。

综上认为，韵律层结构与矿化关系十分密切，即在各韵律层的下部和底部见钒钛磁铁矿的主要富集部位，形成主矿层和矿带，如图 5-2 所示。

韵律层	岩相带	矿带	综合柱状	厚度/m	岩性简述	硅酸盐矿物(相对量和为100%)	铁钛氧化物(体积%)	主要伴生组份含量(点平均值%)	矿物含量比值 01×100/01+Aug	矿物含量比值 Mt×100/Mt+Im	矿物成份 斜长石(An)	矿物成份 橄榄石(Fn)
Ⅱ$_3$	(Ⅰ)			500~1500	浅色层状辉长岩夹稀疏暗色矿物条带，偶夹矿条			V_2O_5 Co TiO_2 P_2O_5	5 8	48 78	57	
	(Ⅱ)	Ⅰ Ⅱ		10~120	层状辉长岩，含磷灰石>5%，局部含辉岩型稀疏浸染状矿				30	71	57	63
Ⅱ$_2$	(Ⅲ)	Ⅲ		166~600	顶部有厚3米斜长岩：主要为暗色层状辉长岩夹密集暗色矿物条带及薄层矿。向下为逐渐过渡关系						40 49 55 56	63 72 76 76
	(Ⅳ)	Ⅳ		30~240	上部为层状橄榄辉长岩夹稀疏浸染状矿。下部为橄榄辉长岩型浸染状矿及层状橄榄辉长岩	01			4		59 59	77 78
		Ⅴ		5~110	上部富含辉石的条带状夹辉长岩下部为稠密及稀浸状矿与辉长岩互层		Im		1			
		Ⅵ		6~60	致密块状及稀疏浸染状矿				10 18	52		
Ⅱ$_1$		Ⅶ		0~50	中粗粒辉长岩夹条带状浸染状矿	P1			3 5	51 83		
		Ⅷ		0~60	顶部为斜长岩：主要为致密块状矿石夹少量浸染状矿石。底部有时有厚数米的橄榄岩或橄辉岩	Aug	Mt		22 3 49	69 94 97	67 68	78
边缘带	(Ⅴ)	Ⅸ		0~40	细粒辉长岩夹橄榄辉长岩，层状构造清楚。底部为角闪片岩	Amp			43		59 68	80 82
上震旦统灯影组	底板				大理岩，层理与岩体的层状构造一致							

Im. 钛磁铁矿；Mt. 钛铁矿；Aug. 辉石；OL. 橄榄石；PL. 斜长石；Amp. 磷灰石

图 5-2 攀枝花层状侵入岩带柱状图

2. 矿体特征

根据含矿岩体韵律分布柱状图可划分为九个矿带（编号Ⅰ－Ⅸ），其矿体特征如下所述。

（1）Ⅸ矿带矿体特征。Ⅸ矿带主要有朱家包包、兰家火山、太阳湾，尖包包矿段缺失，位于岩体东侧或底部粗伟晶辉长岩中，矿体连续性不好，属粗伟晶辉长岩的捕掳体，与边缘带接触。矿体长约为1800m，宽约86m，控制斜深460m，该矿带显著特征是有后期粗伟晶辉长岩侵入破坏、改造矿体。矿带平均厚度37.96m，厚度变化系数29.17%。

矿体位于Ⅸ矿带中部，总体为一厚大连续矿体，主要呈透镜状，产状与辉长岩体一致，倾向北西，倾角38°～70°，分枝、复合、膨大、缩小时而见之。

矿体以工业矿石为主(73.45%)，低品位矿石较少(26.55%)。工业矿石以中、低品位矿石为主，高品位矿石较少，最大厚度29.53m，厚度稳定。

矿石结构以海绵陨铁结构为主，其次为粒状镶嵌结构。矿石构造以稀疏-稠密浸染状为主，致密块状及星散浸染状构造次之。

（2）Ⅷ矿带矿体特征。Ⅷ矿带在兰家火山矿段位于Ⅸ矿带与Ⅵ矿带之间，在朱家包包、尖包包矿段位于边缘带与Ⅶ矿带之间，该矿带沿走向自北东向南西有逐渐变厚趋势，即东段营盘山厚度19.29m，中段兰家火山厚度21.61m，西段尖包包厚度34.39m，厚度稳定。矿体长均为10km以上，宽约112m，沿倾斜方向控制斜深1200m以上。主要由致密块状、稠密浸染状矿石组成，矿带标志明显。

矿体呈层状，产状与辉长岩体一致，倾向北西及北，倾角38°～70°，兰家火山矿段主要为厚大连续的工业矿石，矿体长10km以上，厚度最大30.59m、最小11.43m，一般15～20m，平均20.25m，厚度稳定。Ⅷ矿带夹石仅出现于13线，系后期粗伟晶辉长岩侵吞所致。

尖包包矿段从22线至28线，矿体厚度逐渐变薄，夹石逐渐增多，矿体具分枝、复合、膨胀、收缩现象。夹石厚一般2～3m，28线最厚达10.20m，28线西沿倾斜方向矿带几乎由岩石组成。厚度最大41.88m、最小21.31m，平均30.00m，厚度较稳定。

矿石结构以粒状镶嵌结构及海绵陨铁结构为主。矿石构造以致密块状及稠密浸染状为主，少量稀疏浸染状。

（3）Ⅶ矿带矿体特征。Ⅶ矿带位于Ⅷ矿带之上、Ⅵ矿带之下，分布于尖包包矿段22～27线，矿体长均为1052m，宽约112m，沿倾斜方向控制斜深630m.矿带平均厚度58.24m，厚度较稳定。该矿带以辉长岩为主，夹若干条带状及薄层状稀疏浸染－稠密浸染状矿石。应为Ⅸ矿层贯入较高层位所致，属Ⅸ矿层的部分。

矿体主要呈条带状产出，产状总体上与辉长岩体一致，倾向北，倾角37°～59°，工业矿石长450m，尖灭于27线，在22线ZK22-1至CK22-26间1295～1325m标高段被后期粗粒辉长岩侵吞。

22～27线分布工业矿石，23～26线分布低品位矿。

工业矿石最大厚度24.23m(24线)、最小厚度6.13m，一般10～20m，平均14.46m，厚度不稳定。

矿石主要为填隙状陨铁结构，星散-稀疏浸染状构造，次为稠密浸染状构造。

(4)Ⅵ矿带矿体特征。Ⅵ矿带位于Ⅷ矿带之上，Ⅴ矿带之下，矿体长均为1953m，宽约43m，沿倾斜方向控制斜深620m。矿带厚度沿倾斜方向稳定，沿走向方向变化较大，由北东向南西逐渐变厚，即东段营盘山厚度29.58m，中段兰家火山厚度38.78m，西段尖包包厚度48.07m。兰家火山矿段平均厚度34.45m，厚度稳定。尖包包矿段平均厚度48.07m，厚度稳定。该矿带主要为稠密浸染状及稀疏浸染状矿石，夹少量块状矿石。矿体主要呈层状、似层状，产状与辉长岩体一致，倾向北西—北，倾角42°～72°，兰、尖两矿区矿体共长2400m。兰家火山矿区工业矿石最大厚度42.65m(14线)、最小厚度14.96m(19线)，一般为20～40m，平均24.80m，厚度较稳定。尖包包矿区工业矿石最大厚度35.02m(23线)、最小厚度21.45m，一般为20～30m，平均28.32m，厚度稳定。

兰家火山矿区低品位矿(极贫矿)厚度最大7.21m、最小0.00m，一般为3～5m，平均2.73m，厚度极不稳定，矿体呈透镜状产出。尖包包矿区低品位矿(极贫矿)厚度最大13.78m、最小4.58m，一般为5～6m，平均6.33m，厚度不稳定，矿体呈似层状、透镜状产出。

矿石结构以海绵陨铁结构及填隙陨铁结构为主，少量粒状镶嵌结构。矿石构造以稀疏-稠密浸染状为主，致密块状及星散浸染状构造均较少。

(5)Ⅴ矿带矿体特征。Ⅴ矿带位于Ⅵ矿带之上、Ⅳ矿带之下，分布于1～28线。矿体长均为1702m，宽约102m，沿倾斜方向控制斜深490m。矿带厚度稳定，兰家火山矿区平均厚度65.66m；尖包包矿区平均厚度38.67m。矿带上部以条带状矿石组成的矿体为主，夹石较多，TFe/ TiO_2 近似于2∶1；中下部以层状矿体为主，夹石较少，TFe∶TiO_2近似于3∶1，是矿带对比连接的主要标志层之一。矿体主要由稀疏浸染状矿石、星散浸染状矿石组成，呈层状、似层状，产状与辉长岩体一致，倾向北西—北，倾角41°～64°。兰、尖两矿区矿体共长2350m。

兰家火山矿区工业矿石最大累计厚度35.01m，最小厚度14.03m，一般15～30m，平均22.90m，厚度较稳定。尖包包矿区工业矿石最大厚度15.91m，最小厚度3.28m，一般为5～10m，平均8.23m，厚度不稳定。

兰家火山矿区低品位矿(极贫矿)最大累计厚度27.57m、最小厚度4.74m，一般10～15m，平均13.90m，厚度变化系数45.23%，厚度较稳定。尖包包矿区低品位矿(极贫矿)最大厚度23.43m(25线)、最小厚度4.00m，一般5～10m，厚度变化系数102.39%，厚度极不稳定。尖包包矿区低品位矿体尖灭于26线与27线之间。

矿带含矿率：兰家火山矿区56.05%，尖包包矿区42.59%。

矿石结构以海绵陨铁结构为主，填隙陨铁结构次之，少量粒状镶嵌结构。矿石构造以稀疏浸染状为主，次为星散浸染状，少量稠密浸染状。

(6)Ⅳ矿带矿体特征。Ⅳ矿带主要分布于兰家火山矿区 1～15 线，位于Ⅴ矿带之上，层位稳定，沿倾斜方向无明显变化。矿体长均为 1702m，宽约 102m，沿倾斜方向控制斜深 516m。矿带平均厚度 97.42m，厚度稳定。矿体主要由星散浸染状矿石组成，呈透镜状，分枝、复合、尖灭、再现较明显。产状与辉长岩体一致，倾向北西，倾角 41°～64°，长 50～100m。

工业矿石最大累计厚度 19.80m，最小厚度 0.00m，一般 3～4m，平均 2.62m，厚度极不稳定。

矿石平均品位(Fe_3)：TFe 为 3.37%、TiO_2为 10.38%、V_2O_5为 0.177%。

低品位矿(极贫矿)最大累计厚度 12.58m、最小厚度 0.00m，一般为 3～5m，平均 2.45m，厚度变化系数 150.92%，厚度极不稳定。

含铁辉长岩分布于 1～17 线，8 线、16 线出现间断。矿石 TFe 品位变化系数 Fe_4为 3.40%、MFe 为 1.27%。含铁辉长岩(MFe)平均品位：TFe 为 6.87%、TiO_2为 8.21%、V_2O_5为 0.133%。

矿石主要为填隙状陨铁结构，星散浸染状构造，偶见稀疏浸染状构造。

攀枝花矿区 P80 线剖面示意图如图 5-3 所示。

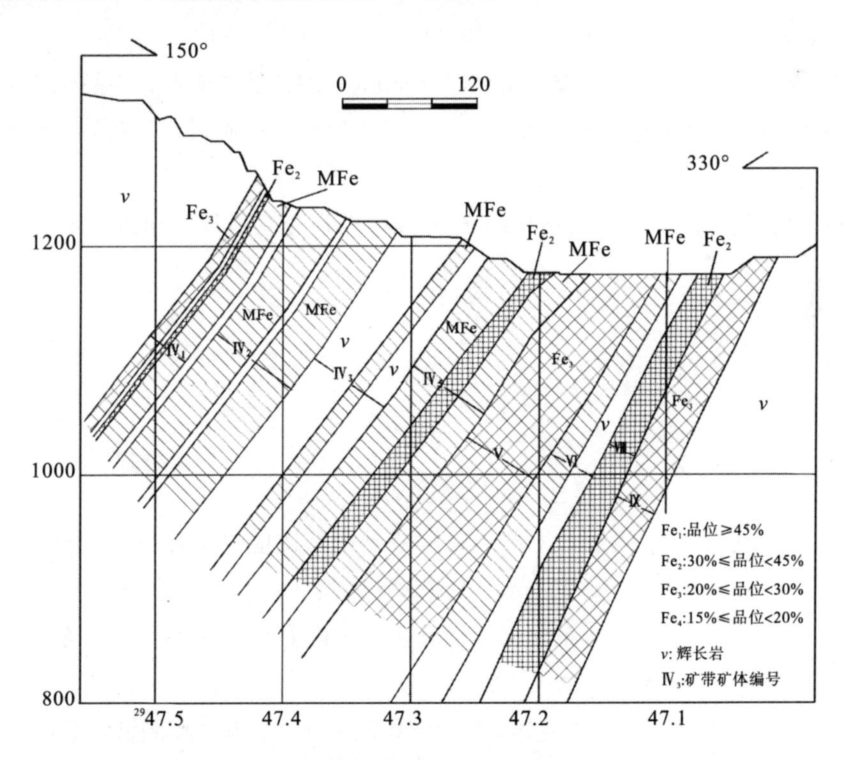

图 5-3　攀枝花矿区 P80 线剖面示意图

3. 矿石物质成分

矿石物质成分按照矿物属性，划分以下几块。

铁钛氧化物：钛磁铁矿、钛铁晶石、钛铁矿、尖晶石、磁赤铁矿、假像赤铁矿、褐铁矿。

硫(砷)化物组合：磁黄铁矿、黄铜矿、黄铁矿、镍黄铁矿等。

主要造岩矿物：拉长石、异剥辉石、角闪石、橄榄石、磷灰石等。

次生矿物：次闪石、绿泥石、蛇纹石等。

铁矿石有用(益)组分：钛、钒、镓、锰、钴、镍、铜、钪和铂族元素。

4. 矿石结构构造

主要结构：填隙陨铁结构、海绵陨铁结构。

主要构造如下所述。

(1)致密块状构造：铁钛氧化物>85%以上，由钛磁铁矿、钛铁矿组成，属高品位矿石，靠近韵律底部或矿层底部分布。

(2)致密浸染状构造：金属矿物含量85%～60%，形成海绵韵铁结构矿石，属中品位矿石，分布于韵律层中、下部。

(3)中等浸染状构造：金属矿物含量60%～35%，中低品位矿石，中品位为主。

(4)稀疏浸染状构造：金属矿物占35%～20%，属低品位矿石，多在韵律层中、上部分布。

(5)条带状构造：由具不同构造矿条或矿条与岩石交互成层，出现于矿体或韵律层中、上部。

二、太和矿床

1. 含矿岩体地质特征

太和岩体主要由辉长岩组成，下部见薄层或条带状橄榄岩、辉石岩。岩体东西出露长1500m以上，南北出露宽70～830m，已控制岩体长3000m。在地表呈不规则哑铃状，东西两头大，中间小；西侧大，东侧小，呈北东东—南西西向展布，向南东倾斜，属层状岩体，顶、底界线未被揭露，总厚度大于1695m。

岩体分异良好，相带、韵律层清楚。整个岩体从下往上，基性度降低，颜色由深变浅，矿物粒度变细，含矿性总体具有岩体中部好，往上、下逐渐变差，矿石品位垂向上从上往下变富的特征。据岩性组合、岩石基性度，岩体可划分为上部基性、下部超基性岩二个相带，和浅色辉长岩相、暗色辉长岩相、橄榄岩-辉石岩相三个亚相带。亚相带之内，依据主要岩性、矿体的主要矿物含量的差异变化、矿石结构构造，可划分出暗色辉长岩相中的Ⅰ、Ⅱ含矿带，浅色辉长岩相中的Ⅲ含矿带等 3 个主要含矿带，如图 5-4 所示。

			厚度/m	柱状图	主要岩石类型	矿石有用元素平均含量/%		
						TFe	TiO_2	V_2O_5
第二韵律层		Ⅲ	756	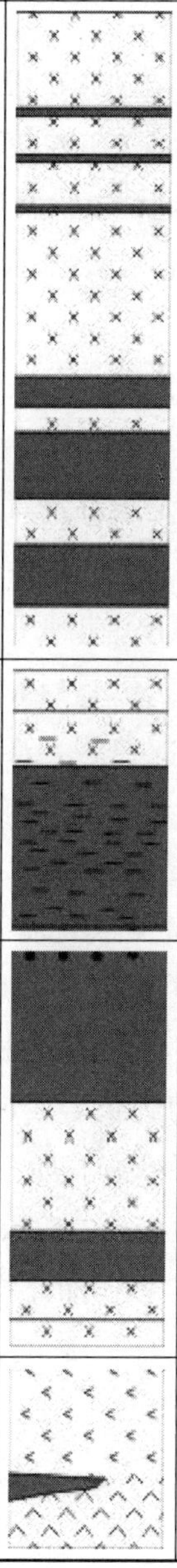	上部为浅色辉长岩，条带状构造发育，底部为含橄辉长岩，上部矿体稀疏分布，多为贫磁铁矿体，下部夹少量中品位矿石	18.4 26.06	8.64 10.37	0.11 0.21
第二韵律层	暗色辉长岩相带	Ⅱ	118～254		以流动构造发育与上、下层为界，岩性为中细粒，中粒辉长岩夹中粗粒与伟晶辉长岩。矿石具米状，似米状构造，是矿区的标志层	18.81 28.34	8.14 10.86	0.15 0.25
第二韵律层	暗色辉长岩相带	Ⅰ	217～606		岩性为中细粒、中粒辉长岩夹中粗粒辉长岩、伟晶辉长岩以及含铁辉长岩，是矿区富矿的产出层位，以矿体厚度大、品位富，连续性好为特征。 顶部以斑状杂矿石与Ⅱ矿带似米状矿石为界，界线清楚；下部以辉长岩与辉石岩为界，界线清楚	25.14 31.16	9.32 11.08	0.23 0.32
第一韵律层	超基性岩相带	边缘矿带	79		上部为辉石岩，下部为橄榄岩，局部夹贫磁铁矿体			

图 5-4　太和岩体综合柱状图

岩体下部的橄榄岩-辉石岩亚相中亦含有零星矿体，呈透镜状，规模小，矿石类型为橄榄岩型与辉石岩型钒钛磁铁矿石，矿石品级为工业矿石。

矿区各岩性带特征如下所示。

(1)基性—超基性岩相带：位于太和辉长岩体下部，未见底，厚大于79.68m，为灰黑色、灰绿色中粗粒辉石岩、含橄辉长岩、辉橄岩(橄榄岩)型稠密浸染状磁铁矿石。该相带以辉石岩、辉橄岩(橄榄岩)型稠密浸染状磁铁矿石与上覆层暗色辉长岩相带为界，界线清楚。矿体呈透镜状，厚4.97～7.2m，TFe可达40%以上，矿石类型为橄榄岩型、辉橄岩型中等浸染状钒钛磁铁矿石。

(2)暗色流状辉长岩相带：是矿区工业矿体最主要的含矿带，是矿区富铁矿的赋存部位，矿区Ⅰ、Ⅱ矿带就赋存于该相带中，相带中上部含矿性较下部好。该相带以具流动构造、矿石富为特征，常见中等-稠密浸染状、似米状-米状及斑杂状和少量致密块状矿石。其中，Ⅱ矿带以流动构造发育为特征，矿石“似米状-米状”构造特征明显，是矿区的标志层。

本相带由具流状构造的中细粒暗色辉长岩、辉长岩、含铁辉长岩与少量中粗粒辉长岩、细粒辉长岩及钒钛磁铁矿互层构成，矿体几乎都赋存于中细粒(暗色)辉长岩中。矿石类型为辉长岩型浸染状钒钛磁铁矿。整个相带由地表往深部变厚，地表厚76～411m，深部厚188～821m，往深部矿体厚度也随之变厚。

(3)浅色辉长岩相带：位于基性岩相带、浅色辉长岩相亚带中。底部以浅色流状辉长岩(灰色块状含铁流状辉长岩)或辉长岩型稀疏浸染状矿石与Ⅱ矿带的“似米状”矿石为界，上部至岩体盖层底界，顶部未出露。该相带以浅色调、富磷灰石、夹贫钒钛磁铁矿(以低品位矿石为主)以及局部具条带状构造为特征。上部总体含矿性差，中部与下部含矿性较上部好，常见铁矿层与辉长岩构成互层，局部可见厚大的工业矿石。底部具流动构造，岩性为浅色辉长岩夹辉长岩与铁矿层。该带一般含磷灰石3%～5%，最高可达20%左右，是区域上钛铁矿、磷灰石及金红石的赋存部位，厚度大于756m。

矿区岩脉主要有辉绿岩，碱性正长岩、辉石岩，少量细晶辉长岩、石英脉、花岗岩及闪长岩脉等，均沿早期的裂隙和断层贯入，穿切辉长岩及矿体，显示多期活动特点。辉石岩脉数量少、规模大，对矿体的连续性有一定的影响(如5线)。碱性正长岩厚0.2～6.78m，造成接触带附近矿石品位变贫，影响范围约2m。辉绿岩脉厚0.37～17.04m，侵蚀矿层，并造成矿石破碎，对矿层的连续性影响小，穿切正长岩脉。

2.矿体地质特征

太和矿区钒钛磁铁矿体赋存于太和辉长岩体中下部，相互平行产出，主矿体呈厚大的似层状，次要矿体呈透镜体状，矿体总体呈东西走向，向南倾斜，倾角在倾向上浅部较陡，深部变缓，在走向上西陡东缓，矿体产状与辉长岩体一致。

主矿体赋存于辉长岩体中下部暗色辉长岩相带流状辉长岩相亚带中，矿体顶底板围岩均为暗色辉长岩，岩体含矿率高，品位富，辉长岩一般呈夹石产出。

浅色辉长岩亚带含矿率较低，矿体与辉长岩呈平行互层产出，矿体厚度小，品位较低。

岩体内由下往上共圈定了4个主要矿体和14个未编号的小型矿体。

矿区主矿体累计控制矿体长3390m，最大宽1591m，最大斜深2171m，矿体顶板最高标高为1830m(ZK19，已采空)，底板最低标高为180m(ZK1313)。

本次勘查新增资源量估算范围内控制矿体长2980m，最大宽1050m，最大斜深1500m，矿体顶板最高标高1788m，底板最低标高180m。

①号矿体为隐伏矿体，产于暗色辉长岩相带下部中粗粒辉长岩相亚带中，展布与矿区中部5～17线，呈似层状产出，沿走向有尖灭再现、膨缩特征。

矿体呈东西走向，倾向向南，倾角42°～60°，东陡西缓。矿体累计控制长1530m；控制斜深680～1050m，平均806.25m；矿体宽420～717m，平均534m，矿体顶板最高标高为1667m，底板最低标高为335m。本次勘查新增资源量估算范围内矿体控制长1530m；控制斜深327～840m，平均639.5m；矿体宽160～660m，平均414m，顶板最高标高1470m，底板最低标高为335m。

矿体长1530m，最大斜深1050m，厚4.3～96.14m，平均39.86m，矿体厚度变化大。平均品位：TFe为13.21%～21.96%，平均为15.2%；TiO_2为3.83%～7.79%，平均为4.88%；V_2O_5为0.11%～0.20%，平均为0.14%，有用组分分布较均匀。

工业矿体长1020m，厚度4.3～45m，平均厚29.38m。矿石品位：TFe为17.4～21.96%，平均为18.82%；TiO_2为3.83%～7.79%，平均为6.26%；V_2O_5为0.11%～0.2%，平均为0.17%。

低品位矿体长510m，厚4.93～96.14m，平均为46.84m，矿石品位：TFe为13.22%～14.66%，平均为13.69%；TiO_2为4.1%～4.6%，平均为4.3%；V_2O_5为0.12%～0.14%，平均为0.126%。

矿石自然类型为辉长岩型，主要为星散、稀疏及少量中等浸染状钛磁铁矿石，以星散浸染状为主，次为稀疏浸染状。矿体顶底板均为中细粒暗色辉长岩，局部为中粗(伟晶)粒暗色辉长岩。

②号矿体为矿区最主要的矿体，新增资源量占全部新增资源量的90.33%。矿体呈似层状产于暗色辉长岩相带的流状辉长岩相亚带中，分布在矿区0～21线深部。矿体厚度大、品位富，但因后期脉岩侵位，厚度变化系数大，在脉岩侵入较多的地段，由于贫化作用，局部品位变化较大。9～13线倾向方向由浅到深矿体厚度逐渐增大，夹石厚度变薄。

矿体呈东西走向，倾向南，倾角沿走向、倾向变化较大，总体陡西陡部东缓，浅部陡深部缓。矿体产状：西部21～9线走向75°，浅部倾角56°～81°，深部倾角32°～50°，东部9～0线走向90°，浅部倾角56°～61°，深部倾角27°～35°。矿体累计控制长3390m，控制斜深916～2171m，平均1534m，矿体宽633～1591m，平均1047m，矿体顶板最高标高为1830m，底板最低标高为180m。本次新增资源量估算范围内矿体控制长2980m，控制斜深766～1460m，平均1094.5m，矿体宽475～1050m，平均762m，最高顶板标高

1472m，底板最低标高 180m。

矿石品位：TFe 为 15.77%～27.02%，平均为 20.96%，分布较均匀；TiO_2 为 6.24%～10.26%，平均为 8.46%，分布均匀；V_2O_5 为 0.12%～0.26%，平均为 0.18%，分布较均匀。

该矿体由顶到底依次为含磷灰石辉长岩型矿石、流状辉长岩型矿石、暗色辉长岩或辉石岩型矿石，矿石品位逐渐增高。含磷灰石辉长岩型矿石厚 10.13～112.09m，以星散-稀疏浸染状构造为主，一般含 1%～5%的磷灰石。流状辉长岩型矿石厚 43.24%～160.42m，以稀疏浸染状为主，矿石矿物、脉石矿物的长轴方向在垂直矿体切面上有定向性。暗色辉长岩或辉石岩型矿石厚 13.43～116.99m，以中等-稠密浸染状构造为主，脉石矿物含量少，一般肉眼可见斜长石呈团块状集合体零星分布。此外，还有少量低品位矿分布在②号上部或底部。

矿体中见 1～3 层透镜体状夹石，一般为细粒暗色辉长岩，局部为中粗粒辉长岩。矿体顶板为中细粒含磷灰石辉长岩，局部为中粗粒辉长岩侵位，底板为中细粒暗色(含铁)辉长岩。

②号矿体多为工业矿体，仅在 21 线矿体顶部出现低品位矿层，单线单工程控制，走向、倾向均不连续。

③号矿体呈似层状产于浅色辉长岩相带底部。矿体产状：西部 21～17 线走向 80°，向南南东倾斜；17～0 线走向 100°，倾向南。矿体倾角 16°～49°，倾角东西部缓、中部陡，浅部陡深部缓。矿体累计控制长 2980m；控制斜深 100～1132m，平均 794m；矿体宽 205～954m，平均 602m，矿体顶板最高标高 1814m，底板最低标高为 754m。总体上中部厚，西东部薄，平均厚 95.95m，厚度变化大。矿石品位：TFe 为 12.82%～26.28%，平均为 18.67%，分布较均匀；TiO_2 为 4.92%～11.49%，平均为 8.12%，分布较均匀；V_2O_5 为 0.007%～0.18%，平均为 0.12%，分布不均匀。

矿体浅部一般有 2 个分支或夹厚大的透镜体状夹石，深部夹石尖没，合并为单一矿层；21 线深部出现分支。

③号矿体主要是工业矿体，仅在 13 线浅部有厚大透镜体状低品位矿层，21 线深部有为低品位矿体分支。

矿石主要是辉长岩型矿石，具星散-稀疏浸染状构造，局部夹条带状矿石，东西两侧为橄榄辉长岩型矿石。矿体顶板为中细粒浅色辉长岩夹条带状含铁辉长岩，局部为中粗粒辉长岩侵位，底板为中细粒含磷灰石辉长岩，局部为中粗粒辉长岩。

④号矿体产于浅色辉长岩相带中下部，分布在 0～21 线，呈似层状、透镜状产出。矿体产状：21～17 线走向 75°～80°，向南南东倾斜；17～5 线走向 90°，倾向南；在 5～0 线走向 75°，倾向南南东。矿体倾角 20°～43°，整体较缓。矿体累计控制长 2980m；控制斜深 100～1123m，平均 590m；矿体宽 165～930m，平均 553m，矿体顶板最高标高 1788m，底板最低标高为 1000m，本次资源量估算范围内矿体控制长 2980m；控制斜深

100～528m，平均 233m；矿体宽 83～472m，平均 247m，矿体分布标高④号矿体整体分布标高大体相同。

矿石品位：TFe 为 12.89％～18.36％，平均为 15.46％，分布均匀；TiO_2 为 5.67％～8.03％，平均为 6.74％，分布均匀；V_2O_5 为 0.05％～0.1％，平均为 0.08％，分布较均匀。

矿体在 5、9、17 线上有 2 个分支，其余均为单一矿层。

④号矿体均为工业矿体，全铁品位不高，钛含量较高，主要为辉长岩型星散-稀疏浸染状矿石，局部夹条带状矿石。矿体顶板为中细粒浅色(含铁)辉长岩，局部为中粗粒辉长岩侵位，偶夹小透镜体状矿体。底板为中细粒浅色辉长岩，中夹条带状含铁辉长岩。

太和钒钛磁铁矿区 5 号勘探线剖面图如图 5-5 所示。

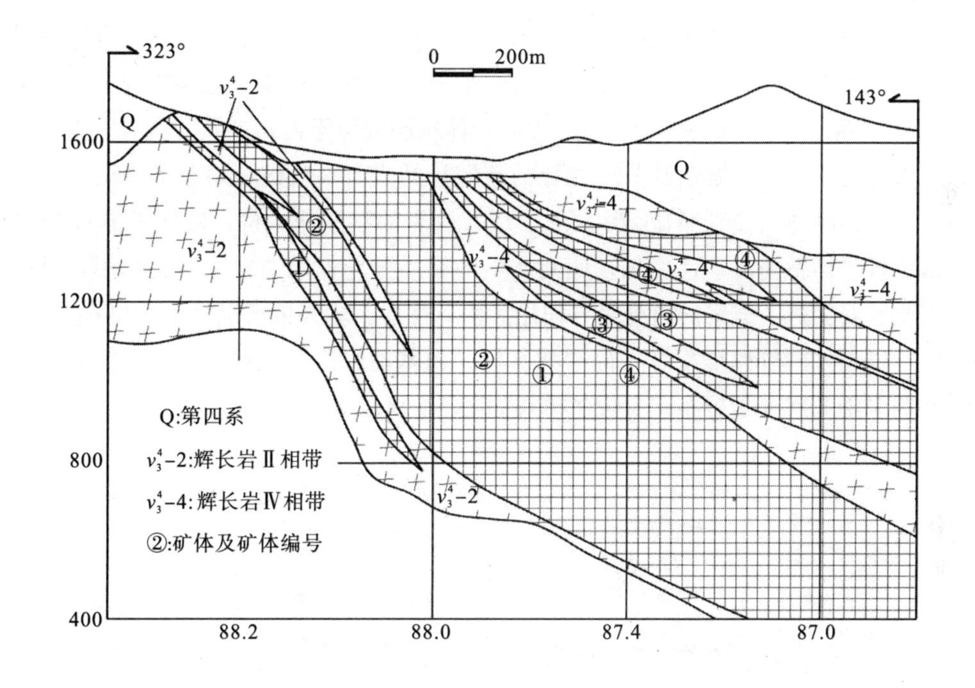

图 5-5　太和钒钛磁铁矿区 5 号勘探线剖面示意图

第二节　岩浆分异基性—超基性岩型

岩浆分异基性—超基性岩型矿床是攀西钒钛磁铁矿又一主要代表矿床类型，由华力西期侵入的基性—超基性岩同源岩浆就地分异形成的杂岩体。层状杂岩体侵位于前震旦系变质与震旦系上统灯影灰岩的不整合面，岩体顶板为灯影灰岩，底板为前震旦系变质岩系。含矿岩体受攀西裂谷安宁河深断裂控制，走向南北，倾向西或北西，倾角较缓的单斜侵入体，分异良好。由于岩体形成过程严格受东西向构造和底板形态控制，岩相发育地有所差异。

该矿床按含矿层岩相带不同又可分为：岩浆分异辉长岩-辉石-橄辉岩型、岩浆分异辉长-橄长-斜长橄辉岩型，其代表矿床分别有红格矿床、新街矿床、白马矿床、棕树湾矿床，竹箐火山等矿床。

一、岩浆分异辉长-辉石-橄榄岩型

岩浆分异辉长-辉石-橄榄岩型矿床含矿岩体位于康滇前陆逆冲带之康滇基底断隆带中段，受南北向的昔格达、安宁—元谋河断裂、昔格达断裂控制。

华力西期的(裂谷)成矿作用是区内一次重要的成矿作用，各类矿产与裂谷的形成演化关系密切，在裂谷前穹状隆起阶段，幔源岩浆由地幔底辟上升，引起上部地壳成穹和渐次释压，促使上地壳熔融，幔源岩浆沿着引张复活的裂谷肩部的基地断裂上侵。华力西早期(同位素年龄 3.34 亿～3.56 亿年)含矿岩体顺层侵位于古元古界变质岩系震旦系上统灯影组大理岩中，具易熔性及节理发育的碳酸盐类岩石易被破坏熔融形成层状分异的大岩体。岩浆熔融体入侵碳酸盐类地层时，吸收围岩的碳酸盐成份，使岩浆中 CaO 含量增加，从而促进熔融体流动性增加，期间产生的结晶分异作用、岩浆环流作用，进一步扩大了岩浆腔及促进了岩浆的自身分异作用。由此往返，岩浆的不断冷却、结晶、运动，从而形成分异良好的韵律堆积特征的层状基性、超基性岩体群。铜、镍、铂等硫化物矿产，在空间上沿基底断裂分布，其成矿模式如图 5-6 所示。

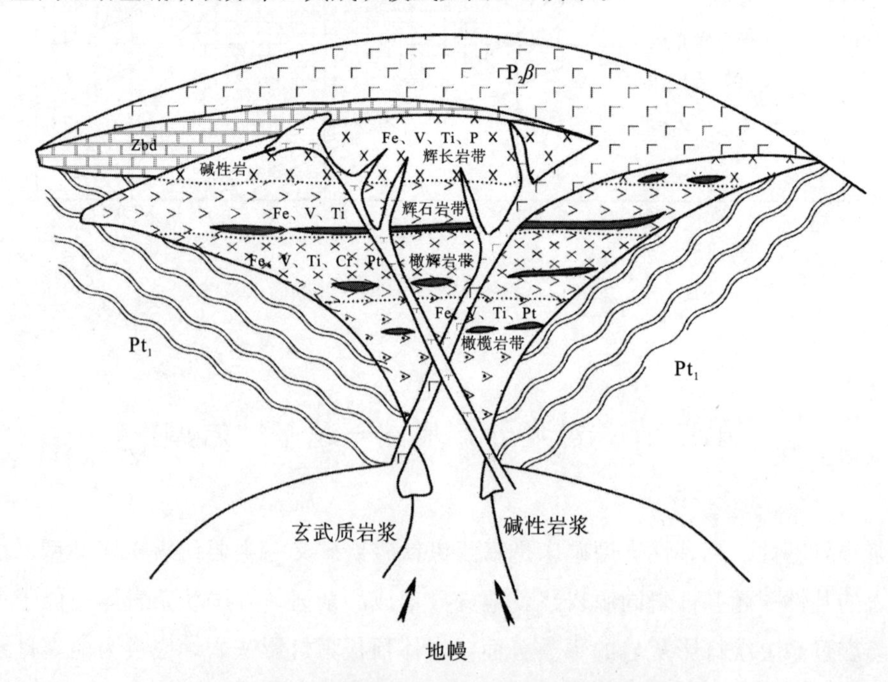

图 5-6 岩浆分异基性—超基性岩型矿床成矿模式图

（一）红格矿床

红格含钒钛磁铁矿床赋存于红格基性—超基性岩体中，该岩体分布在凉山州会理县与攀枝花市米易县、盐边县接壤地区，南北长约 16km，东西宽 5～10km，总面积约 100km^2，包括安宁村、白草、一碗水、马鞍山、中梁子、红格、白沙坡、湾子田、中干沟和秀水河等 10 个大片矿区。由于受成矿前东西面褶皱和南北断裂的控制，致使岩体在不同形态和产状、总体分成若干盆状体二个：以猛新的柳树村隆起为界，北部可称猛粮坝岩盆，其东边部为白草矿区，岩矿体走向南北，倾向西；向北的安宁村矿段，岩体由南北走向渐向北转成北西，再转成东西向，向西向南西向倾；安宁村矿区的潘家田矿段岩矿体走向东西，向南倾；盆体南面黑谷田岩体向北倾；岩体的西边被一系列南北向断裂破坏，致含矿岩体与古元古界地层、片麻状石英闪长岩呈断层接触。南部的岩盆又可分成若干小构造。①红格矿区可以视为一个岩盆，又可分成两部份：南矿区的岩矿体，由东向西、西向东缓倾，超基性岩相出露在南南东部之铜山东部之马松林，基性岩大片出露在路枯矿段；南矿区实则是 F23 的下盘，北矿区为 F23 的上盘。北矿区地表出露基本为辉长岩相，超基性岩出露在南西、南及北东边部，构成一个向北（或向北东）缓倾斜的岩盆。②湾子田与其东面的回腊亮—花岩子间为一岩盆（可称野猪沟或彭家梁子岩盆），北东的湾子田出露基性—超基性岩，岩体向西或北西倾斜；西面的回腊亮—花岩子南北向出露基性—超基性岩体，岩体向东陡倾，已有钻孔对东、西边部进行控制。③中干沟（原中干沟矿区西部）为一小岩盆。④南北向的 F1 断层为一高角度逆冲断层，倾向东，下盘下降 400～1000 余米，但小米地及周围岩体产状尚不明了。红格基性—超基性岩体盆状构造特征如图 5-7 所示。

红格矿区岩体发育最好，出露最全，矿床规模最大，勘查、研究程度最高。

1. 含矿岩体地质特征

红格含矿岩体具明显韵律式相带特征，根据岩体不同部位的岩石组合、结构构造、矿化程度等特点，自上而下分为辉长岩相带（ν）、辉石岩相带（φ）、橄辉岩相带（$\sigma\varphi$）三个岩相带，各相带又各自划分两个含矿层，共划分了六个含矿层。即辉长岩中含矿层（ν_2）、辉长岩下含矿带层（ν_3）、辉石岩上含矿层（φ_1）、辉石岩中下含矿层（φ_{2+3}）、橄辉岩上含矿层（$\sigma\varphi_1$）和橄辉岩下含矿层（$\sigma\varphi_2$）。含矿层中矿体呈层状、似层状、条带状产出。矿体产状与岩层产状一致。

2. 矿体特征

（1）辉长岩中含矿层（ν_2）。位于含矿岩体的上部，属于第Ⅳ韵律旋回上部。该层顶部已被剥蚀，产出不全，主要分布在北矿区西部和南矿区路枯矿段，最大控制厚度 300m

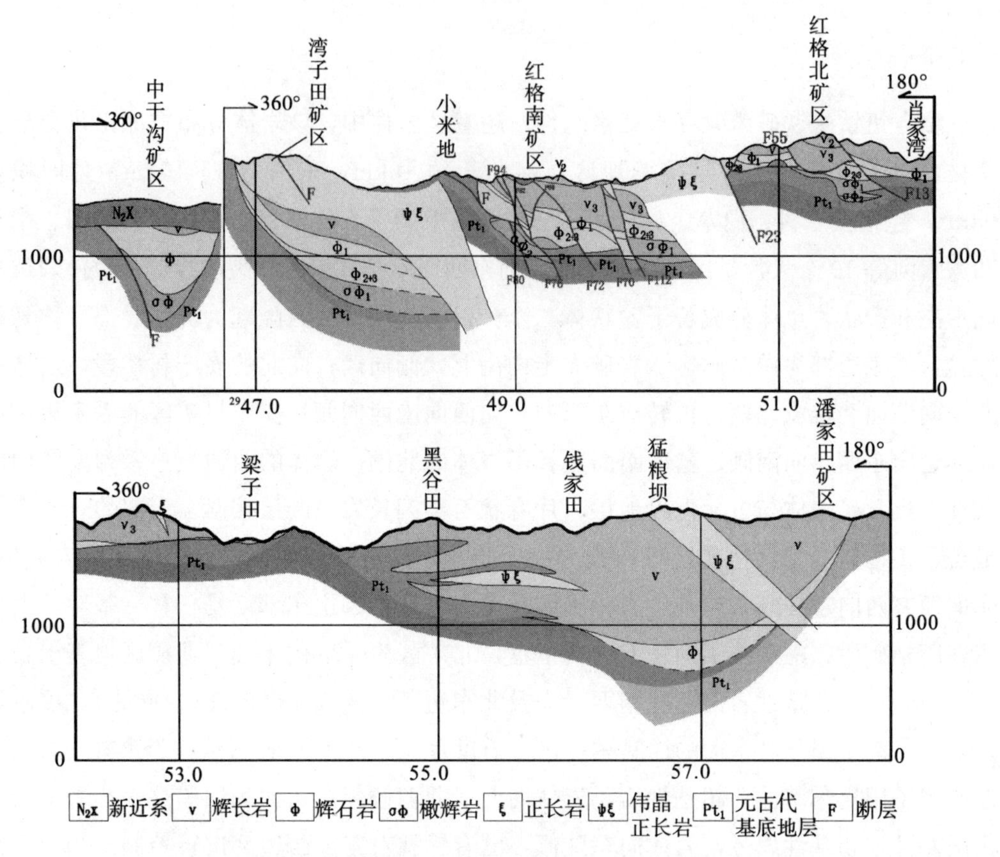

图 5-7 红格基性—超基性岩体盆状构造特征示意图

以上，一般厚 100～200m，平均厚约 164.27m。

矿化程度：ν_2含矿层基本无工业矿体赋存，局部地段在下部或底部有一层含长辉石岩-橄榄岩星浸至稀浸矿石(如 P23～P25 线)，一般厚度 8～20m 不等，不稳定，常呈透镜体。ν_2含矿层矿化程度为全矿区最低，含矿率仅 9.77%，夹石率占 78.08%，含脉率为 12.15% 。

单个矿体呈透镜状、似层状产出，分布零星、规模小，基本不具工业价值，最小矿体厚度 4m，最大 62m。全含矿层矿体累计平均厚度工业矿石为 14.03m，低品位矿石为 13.61m，矿体以低品位矿石为主。工业矿石平均品位 TFe 25.51%，低品位矿石平均品位 TFe 17.10%。总体上，南矿区比北矿区矿体厚度小、TFe 平均品位低、变化大(表 5-1)。

表 5-1　红格矿区各含矿层矿化特征表

岩相带	含矿层	厚度/m	含矿母岩(层)组合及其变化	含矿率/%	矿石品级和类型	
					品级	自然类型
辉长岩相带(ν)	中含矿层(ν_2)	50～303	浅色流状辉长岩，北部底部有一层不大稳定的辉石岩、橄榄岩层最厚可达 40m 左右，中下部辉长岩中较富含磷灰石	Fe_1：3.03 Fe_2：6.74 夹石：78.08 岩脉：12.15	Fe_2及Fe_1	星浸矿石、稀-中浸矿石
	下含矿层(ν_3)	44.5～315	暗色流状辉长岩为主，中下部夹条带状辉长岩，有 12 个富磷灰石层位，底部往往有一薄层斜长岩南部路枯矿段北部 ν_3 底部出现一层似层状含长辉石岩－橄榄岩－辉橄岩层，最厚达 100m 以上	Fe_1：19.44 Fe_2：27.57 夹石：39.00 岩脉：13.99	Fe_2为主夹Fe_3、Fe_1	星浸矿石局部夹稀浸矿石，稀-中浸矿石
辉石岩相带(φ)	上含矿层(φ_1)	31～88.4	自上而下，含长辉石岩、辉石岩、橄辉岩、橄榄岩、辉橄岩，下部有辉石岩、辉橄岩和纯橄岩夹层。由南至北岩石组合基性程度降低，橄榄岩、辉橄岩层厚变小或消失、含长辉石岩厚度增大	Fe_1：63.09 Fe_2：11.81 夹石：12.43 岩脉：12.67	Fe_1夹Fe_2	稀-中稠浸矿石夹星浸矿石
	中下含矿层(φ_{2+3})	45～173.83	上段：以中细粒、等粒辉石岩为主，局部为细粒橄辉岩夹少量橄榄岩和辉石岩，由南向北东基性程度增高。辉石岩消失全被橄辉岩代替 下段：自上而下大致为辉石岩或橄辉岩、橄榄岩、辉橄岩、纯橄岩夹辉石岩条带薄层由南向北基性程度降低	Fe_1：32.55 Fe_2：30.39 夹石：27.71 岩脉：9.35	Fe_2 为主 Fe_3、Fe_1	星浸矿石夹稀浸矿石，稀-中稠浸矿石，部分星浸矿石
橄辉岩相带(σφ)	上含矿层($\sigma\varphi_1$)	42～205.33	由不等粒辉石岩，细粒橄辉岩夹橄榄岩，有的含斜长石，底部有的为含角闪辉石岩，往往下部夹有粗包橄角闪橄辉岩夹层向下过渡为 $\sigma\varphi_2$	Fe_1：21.95 Fe_2：35.81 夹石：35.23 岩脉：6.01	Fe_2夹Fe_1	星浸矿石夹稀浸矿石，中浸矿条
	下含矿层($\sigma\varphi_2$)	0～397	似斑状粗包橄角闪橄辉岩为主，向下为粗伟晶角闪辉石岩或角闪含橄辉石岩，由南向北东部基性程度增高，以包橄角闪橄辉岩、橄榄岩为主夹辉橄岩、纯橄岩	Fe_1：34.20 Fe_2：30.73 夹石：31.99 岩脉：3.08	Fe_1夹Fe_2	稀-中稠浸矿石夹星浸矿石

(2)辉长岩下含矿层(ν_3)。ν_3 含矿层位于岩体上部，辉长岩相带中含矿层(ν_2)之下，与 ν_2 呈渐变过渡关系，主要分布在北矿区西部和南矿区路枯矿段，铜山和马松林矿段出露不全。含矿层最小控制厚度 44.50m，最大控制厚度 315m，一般厚 100～250m，平均厚约 155.23m。

矿化程度：该含矿层含矿性较 ν_2 好，以 Fe_2 为主，全矿区平均含矿率仅为 47.01%(其中 Fe_1 为 19.44%，Fe_2 为 27.57%)，夹石率占 39.00%，含脉率为 13.99%，以路枯矿段矿化最好，含矿率达 57.94%。

矿体多数集中分布在含矿层中下部。分布在上部的矿体常呈透镜状产出，规模不大，一般厚度 5～20m，沿倾向和走向延伸一般在 500m 以内；分布在含矿层中下部者，矿体常呈较稳定的似层状和层状产出，产状与含矿层一致，一般厚度 30～80m，最厚达 150m 以上。沿倾向和走向一般延伸在 1300m 以上，分支复合或分叉透镜状尖灭现象比较普遍。矿体累计平均厚度为 57.09m，其中路枯矿段最厚达 79.4m。

矿体以 Fe_2 为主，约占 53.3%。Fe_1 矿石平均品位 TFe 29.90%、品位变化系数为 26.9%，Fe_2 矿石平均品位 TFe 为 17.15%。总体上，南矿区比北矿区矿体厚度大、TFe 平均品位高。

(3)辉石岩上含矿层(φ_1)。φ_1 含矿层是原矿区勘探的主要对象，位于含矿岩体中部，辉长岩下含矿层(ν_3)之下，属第三韵律旋回，呈稳定的层状产出，全矿区各个矿段均有其分布。含矿层最大控制厚度 88.4m，最小控制厚度 31m，一般厚约 30～80m，平均厚度 50.83m，厚度变化系数 37.05%。从南到北厚度无明显变化规律。

矿化程度：φ_1 含矿层矿化好，几乎全层矿化，是矿区矿化程度最高的一层，其平均含矿率为 74.9%(其中 Fe_1 为 63.09%，Fe_2 为 11.81%)，夹石率为 12.43%，含脉率为 12.67%。总体上，该含矿层以马松林矿段矿化最好，南矿区比北矿区矿化好，南矿区平均含矿率高达 89.16%。

φ_1 含矿层由一个稳定厚大层状矿体组成，矿体产状与该含矿层一致，在全矿区均有产出，南北延伸约在 3500m 以上，东西延伸在 2500m 以上。矿体最小厚度 8m，最大厚度 100m，一般厚 20～70m。全矿层累计平均厚度 36.9m。以铜山矿段矿体平均厚度最大，达 52.38m。

矿体以 Fe_1 为主，约占 75.47%。Fe_1 矿石平均品位 TFe 31.21%，Fe_2 矿石平均品位 TFe 17.46%。全区以马松林矿段品位最高。综观全区，φ_1 含矿层矿体 TFe 平均品位有由南向北、由东向西变低的趋势。φ_1 含矿层是矿区的主要含矿层，也是原勘探中的主要勘探对象。

(4)辉石岩中下含矿层(φ_{2+3})。φ_{2+3} 含矿层也是原矿区勘探的主要对象，位于含矿岩体中部，辉石岩上含矿层(φ_1)之下，属第二韵律旋回。全矿区均有分布，南矿区较北矿区发育，尤其是路枯矿段，呈稳定的层状产出，产状与岩体一致。全区最大控制厚度为 173.83m，最小控制厚度 40m，一般厚 50～150m。平均厚度约 109.01m，以路枯矿段厚度最大，由南矿区往北矿区厚度有变薄的趋势。

矿化程度：φ_{2+3} 含矿层矿化好，含矿率仅次于辉石岩上含矿层(φ_1)和橄辉岩下含矿层($\sigma\varphi_2$)，平均含矿率为 62.94%(其中 Fe_1 为 32.55%，Fe_2 为 30.39%)，夹石率为 27.71%，含脉率为 9.35%，以铜山矿段含矿率最高，平均达 92.45%。总体上，南矿区矿化比北矿区好，含矿率由北向南增加。

φ_{2+3} 含矿层由一个稳定厚大层状矿体及数个小透镜状矿体组成，矿体产状与该含矿层一致，厚大层状矿体上部通常为 Fe_2 矿石，下部为 Fe_1 矿石。在全矿区均有产出，南北延伸约在 2500m 以上，东西延伸最大在 1500m 以上，一般为 1500～2000m。矿体累计平均最小厚度 8m，最大厚度 164m，一般厚 30～100m。全矿层累计平均厚度 58.37m。以铜山矿段矿体平均厚度最大，达 88.82m，由南向北厚度变薄。

矿体以 Fe_1 为主，约占 52.87%。Fe_1 矿石平均品位 TFe 28.87%，Fe_2 矿石平均品位 TFe 17.32%。全区以马松林矿段品位最高。综观全区，φ_{2+3} 含矿层矿体 TFe 平均品位有由南矿区向北矿区、北矿区由东向西变贫的趋势。

φ_{2+3}含矿层也是矿区的主要含矿层，也是原勘探中的主要勘探对象，除北矿区北东向部分地段、南矿区路枯矿段东F23断层下盘及马松林和铜山矿段局部未探明以外，其余地段均被勘探。

(5)橄辉岩上含矿层($\sigma\varphi_1$)。$\sigma\varphi_1$含矿层位于含矿岩体之下部，辉石岩中下含矿层(φ_{2+3})之下，属第Ⅰ韵律旋回上部，主要分布在南矿区铜山、路枯矿段以及北矿区东北部，其余矿段产出不全，在矿区南、西边缘地段及岩体底板隆起处常缺失。该含矿层受底板形态影响，厚度变化较大，最大控制厚度205.33m，最小厚度42m，一般厚度变化为60～200m，平均控制厚度124.63m，厚度变化系数为46.51%，以铜山矿段平均厚度最大，达154.54m。

矿化程度：$\sigma\varphi_1$含矿层矿化程度较辉石岩上含矿层和辉石岩中下含矿层都差，矿化不均匀，平均含矿率为57.76%(其中Fe_1为21.95%，Fe_2为35.81%)，夹石率为35.23%，含脉率为6.01%，以铜山矿段含矿率最高，达72.51%。

$\sigma\varphi_1$含矿层由数个矿体组成，矿体产状与该含矿层一致，由于受含矿层的影响，矿体在各地段产出形态及发育程度差别较大，单个矿体呈透镜状、或透镜状首尾相连鱼贯而行构成的似层状和层状产出。在北矿区很难划分出独立矿体，在铜山矿段矿体形态相对较简单，多呈似层状、层状产出。单个矿体小者一般厚2～15m，沿走向及倾向延伸300～500m即呈透镜状尖灭，大者厚20～80m，最厚达138m，呈似层状-层状产出，沿倾向和走延伸在1000m以上。全矿层矿体累计平均厚度59.43m，以铜山矿段矿体平均厚度最大，达75.18m，由南向北厚度变薄。

矿体以Fe_2为主，约占55.39%。Fe_1矿石平均品位TFe为26.69%，Fe_2矿石平均品位TFe为17.01%。全区以马松林矿段品位最高。

$\sigma\varphi_1$含矿层在原勘探中，仅北矿区西段和路枯矿段西段浅部、马松林矿段、铜山矿段被勘探控制以外，其余地段均未完全控制，主要是北矿区北东地段、南矿区路枯矿段东及F23断层下盘，这些地段也是本次整装勘查的主要工作区。

(6)橄辉岩下含矿层($\sigma\varphi_2$)。$\sigma\varphi_2$含矿层位于含矿岩体底部、橄辉岩上含矿层之下，属于第Ⅰ韵律旋回之下部，主要分布在北矿区东部、南矿区铜山和马松林矿段，北矿区西部由于底板抬高而常缺失，马松林东部由于后期花岗岩体的吞蚀破坏，产出不全，且包、捕掳现象十分明显。其最大控制厚度达397m，一般厚度变化为100～250m，平均控制厚度170.42m，厚度变化系数为49.71%。$\sigma\varphi_2$含矿层南矿区由西往东、由南向北以及北矿区由南西向北东方向，其厚度有逐渐增大的趋势。

$\sigma\varphi_2$含矿层矿化不均，下部较上部好，上部多为夹石和Fe_2矿互层，而下部以Fe_1为主，全矿区平均含矿率64.93%(其中Fe_1为34.2%，Fe_2为30.73%)，夹石率为31.99%，含脉率为3.08%。以马松林矿化最好，含矿率最高，达71.77%。总体上，南矿区比北矿区的矿化程度好，而北矿区的东部又比西部好。

$\sigma\varphi_1$含矿层由数个矿体组成，主要分布在含矿层中下部，矿体产状与该含矿层一致，单个矿体呈透镜状、似层状和层状产出。单个矿体小者一般厚4～15m，沿走向及倾向延伸300～500m即呈透镜状尖灭，大者厚30～80m，最厚达120m以上，呈似层状-层状产出，沿倾向和走延伸在1000m以上。全矿层矿体累计平均厚度73.50m。

矿体以Fe_1为主，约占54.52%。Fe_1矿石平均品位TFe为27.34%，Fe_2矿石平均品位TFe为17.18%。

该含矿层与$\sigma\varphi_1$含矿层一样，在原勘探中，仅北矿区西段和路枯矿段西段浅部、马松林矿段、铜山矿段被勘探控制以外，其余地段均未完全控制，主要是北矿区北东地段、南矿区路枯矿段东及F23断层下盘，该含矿层具有由西向东逐渐变厚的特点，经对比研究，尤其是在F23断层下盘，其厚度明显变厚，而这些地段也是本次普查的主要工作区。

总的来说，红格岩体的含矿性是自上而下递增的，下部韵律层较上部韵律层含矿性好，但不是简单的重复。上部为夹石或贫矿，下部则往往为富矿聚集的部位。因而每个矿层的下界是清楚的，上界却表现出渐变关系。组成岩体和各种岩石的铁钛氧化物及其他组份都同为岩浆直接分异结晶的产物，同时在韵律层中分布有一定规律。与成矿有关的Fe、Ti、V、Co、、Ni、Cr与硅酸盐矿物橄榄石、辉石等均在每个韵律层的中下部富集，形成工业矿体或可供利用的伴生组份。

因此，红格钒钛磁铁矿床除铁、钒、钛外，还伴生有铬、锰、钴、铜、镓、铌、钽、硒、碲、铂族及硫、磷等多种有益组分，有的具有一定的综合利用价值。

3. 矿体围岩和夹石

矿体(层)的顶盖已被剥蚀，厚度不清，保存最大厚度在1485m左右。

矿体(层)底板为震旦系上统灯影组(Zbdn)蚀变变质岩，普遍角岩化、蛇纹石化、透辉石化和石榴子石化，底板不平整，总的趋势是由西向东，由南向北埋深大，厚度大于400m。受岩性及接触带产状控制，矿体(层)多呈似层状、层状、透镜状。矿体产于基性-超基性岩体中，矿体边界依据TFe品位圈定，与矿石自然类型同岩性而品位不够矿石要求的岩石即构成矿体夹石，因此矿体围岩和夹石除底板灯影组(Zbdn)岩石外，也包括为花岗岩、细晶辉长岩、辉绿岩、正长岩等。

盐边县、会理县红格钒钛磁铁矿区P110矿床地质剖面如图5-8所示。

4. 矿石特征

(1)矿石矿物：主要矿物为铁钛氧化物及硫砷锑化物。

铁钛氧化物是矿石的重要组成部份，以钛磁铁矿、钛铁矿为主，还有少量的镁铁尖晶石、铬尖晶石及钛铬铁矿，原生的铁钛氧化物不同程度发生变化而生成少量的次生铁钛氧化物如钛磁铁矿、赤铁矿、金红石、钙钛石、白钛矿、榍石等。

硫(砷锑)化物种类繁多，主要为少量Co、Ni、Cu的硫砷化物及微量Pb、Zn、Mo

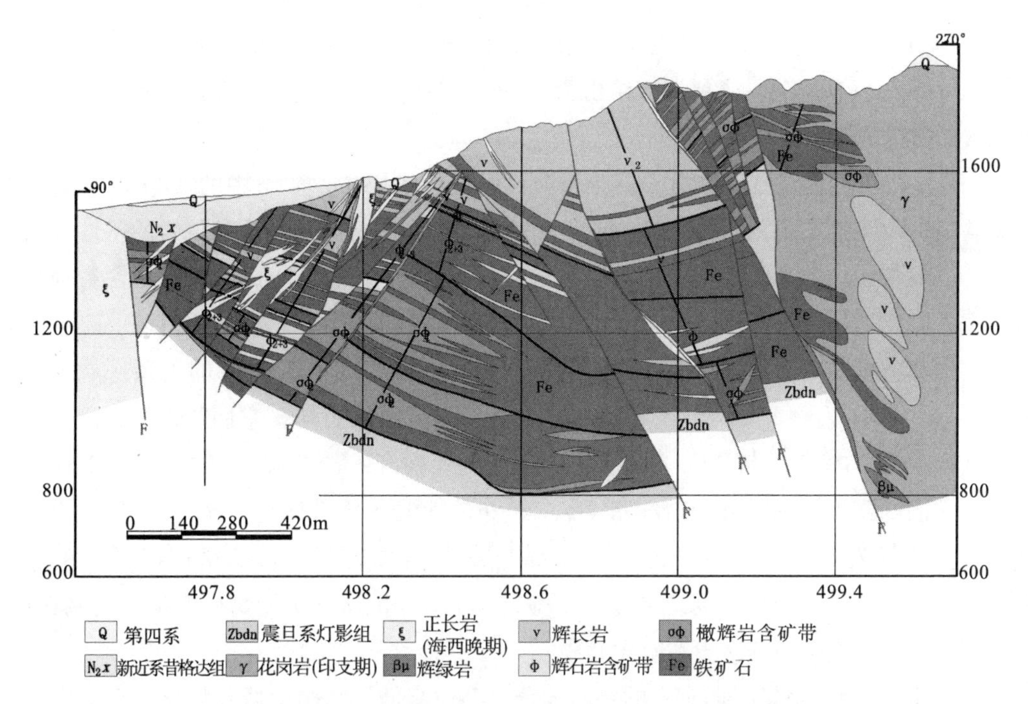

图 5-8 盐边县、会理县红格钒钛磁铁矿区 P110 矿床地质剖面图

硫化物。在矿石中的含量一般只有 0.5%～2.0%，粒度变化范围 0.002～0.7mm，一般为 0.05～0.26mm，少数粗粒的硫化物分布 $\sigma\varphi_2$ 底部富硫化物带，粒径可达 2～4mm。在这些矿物中，以磁黄铁、黄铁矿为主，约占硫砷锑化物的 90%以上。其次，有镍黄铁矿、黄铜矿、硫镍钴矿、紫硫镍矿、辉钴矿、方铅矿，偶见砷铂矿、砷镍矿、针镍矿、墨铜矿、辉铜矿和毒矿等，它们的产出与层位、岩性有关。不同层位和不同岩性中，硫化物的矿物组合不同。在辉长岩型矿石中为黄铁矿、磁黄铁矿(多被黄铁矿交代)、黄铜矿、镍黄铁矿组合，以黄铁矿为主。在橄辉岩、辉橄岩及橄榄岩型矿石中，磁铁矿、黄铜矿、镍黄铁矿、紫硫镍矿、硫镍钴矿、辉钴矿的组合中，以磁黄铁矿为主；镍黄铁矿、硫镍钴矿、辉钴矿、针镍矿组合中，以磁铁矿、黄铁矿为主。

就整个含矿基性-超基性岩体看，铂族元素含量是甚微的，但通过大量人工重砂证实，铂族元素突出富集在硫化物矿物中，φ_{2+3}底部硫化物富集带和 $\sigma\varphi_2$底部硫化物富集带均为铂族元素相对富集带。

(2)脉石矿物：主要矿物有单斜辉石、橄榄石、角闪石、斜长石、黑云母、镁铁尖晶石以及它们的次生蚀变矿物蛇纹石、透辉石、次透辉石、次闪石、绿帘石、榍石、碳酸盐等。

(3)矿石结构构造：矿区内矿石结构以嵌晶结构、海绵陨铁结构、半自形-他形粒状镶嵌结构为主。

矿区内常见矿石构造有浸染状构造、条带状构造、致密块状构造。此外还有流斑状、斑杂状和流状构造，以浸染状构造、条带状构造为主。

(4)矿石化学成分，矿石的主要有益组份为 TFe、TiO_2、V_2O_5、Cr_2O_3、MnO、Cu、Co、Ni、S、P_2O_5、Ga。主要造渣组份为：SiO_2、Al_2O_3、MgO、CaO。后者的含量与矿石的自然类型有密切的关系。

TFe、TiO_2的含量变化和分布富集情况：每个含矿层中，矿石中的 TiO_2都是随矿石 TFe 含量的增高而增高的，但 TFe 与 TiO_2相对含量的高低又是与含矿母岩的基性程度有关的。一般来说，TFe 的相对含量与母岩的基性程度同增减，而 TiO_2的相对含量则与母岩基性程度的增减相反，因此 TFe、TiO_2的相对含量是随含矿母岩的基性程度而变化的。

其他有益组份的含量变化都不是很大，但与矿石品级或矿石 TFe 的关系来看，变化还是不小。其中 V_2O_5、Co、Ga、MnO 等，与 TFe 的关系密切，它们的含量高低直接受矿石 TFe 含量的控制；与 TFe 含量关系不密切的元素有：Cr_2O_3、Ni、Cu、S 和 Pt 族元素等，它们的富集情况除辉长岩相带 Co>Ni 外，其他各相带均是 Ni>Co，其余个元素的含量变化没有明显的差异。但是上述部分元素是富集在一定的精矿产品中的，如 V_2O_5、Cr_2O_3、Ga 绝大部分赋存在钛磁铁矿中，Co、Ni、Cu 主要集中在硫化物精矿中；Pt 族和 Se、Te 绝大部分富集在硫化物中。

(5)矿石类型，是指根据矿石的物质成分、品位高低、结构构造和氧化程度等因素对矿石进行分类。

按矿石构造和钛铁氧化物含量划分矿石类型如下所述。

①稀疏浸染状矿石(稀浸矿)：铁钛氧化物含量 20%～35%，具海绵状陨铁结构，稀疏浸染状构造(金属矿物稀疏分布在硅酸盐矿物粒间)，常与中-稠浸矿石互成条带或薄层分布在 φ_1、φ_{2+3}下部及 $\sigma\varphi_2$三个主含矿层内，其次分布在 ν_3下部和 $\sigma\varphi_3$内，有时在 φ_{2+3}中上部亦可见到，是主要的工业利用对象。TFe 品位 20%～<30%。

②中等浸染状矿石和稠密浸染状矿石(中-稠浸矿)：钛铁氧化物分别为 35%～60%、60%～85%，具海绵状陨铁结构、假斑状陨铁结构，中等浸染状构造和稠密浸染状构造，铁钛氧化物较密地分布在硅酸盐矿物颗粒间，主要分布在 φ_1、φ_{2+3}下部及 $\sigma\varphi_2$三个主含矿层内，与块状矿石共生成与稀浸矿石相互间呈条带或薄层产出，是主要的工业利用对象之一。TFe 品位 30%～<45%。

③致密块状矿石(块状矿石)：钛铁氧化物>85%，常具自形、半自形镶嵌结构，局部可见假斑状陨铁结构、块状构造。铁钛氧化物集合体中，嵌布有少量的硅酸盐矿物，主要分布在 φ_{2+3}下部，其次 φ_1、及 $\sigma\varphi_2$下部，常与质量较差的矿石互为条带或间互成薄层产出，TFe 品位≥45%。

按含矿母岩划分矿石类型如下所述。

按含矿母岩分为：辉长岩型矿石、辉石岩型矿石、橄辉岩型矿石、橄榄岩型矿石、辉榄岩型矿石和纯榄岩型矿石等。这些不同类型的矿石，在岩体的不同部位富集。例如辉长岩型矿石，出现在辉长岩含矿层中；辉石岩型矿石遍及整个辉石岩上含矿层 φ_1；橄榄岩型矿石，榄辉岩型矿石，纯橄岩型矿石主要分布在 φ_{2+3}下部，φ_1底部和 $\sigma\varphi_2$底部；橄榄岩型矿石主要分布在 $\sigma\varphi$ 相带各含矿层中。不同母岩类型的矿石有时还反映出矿石的品级高低。例如，辉长岩型矿石一般质量较差，常为星浸矿石，少数为稀浸矿石；而橄榄岩型的矿石则常为中-稠浸矿石，甚至为块状矿石。

5. 矿床共(伴)生矿产

矿石中以钛磁铁矿、粒状钛铁矿、硫化物三类矿物为主，且这三类矿物都是富含多种有益元素可供综合利用的矿物原料。其中钛磁铁矿是铁、钛、钒、铬、镓的主要载体矿物，也含微量钴、镍、铜；粒状钛铁矿是钛的主要载体矿物，其次是铁，还有微量钴、镍、铜；硫化物是钴、镍、铜的主要载体矿物，矿石中已发现20～30种硫化物，其中以磁黄铁矿、黄铁矿为主，镍黄铁矿、紫硫镍矿、辉钴矿、红砷镍矿等少量，此外还发现有微量铂族元素。硫化物中的Co、Ni、Cu、S、Se、Te及铂族元素等多种有益组分都有回收价值，其分析结果如表5-2所示。

表5-2　矿石中主要有益元素的平均含量表　单位：%

含矿层	矿区	工业类型	Cr_2O_3	Cu	Co	Ni	S	P_2O_5
ν_2	北矿区	Fe_1	0.093	0.029	0.014	0.039	0.416	1.470
		Fe_2	0.063	0.017	0.007	0.018	0.196	2.004
ν_3	北矿区	Fe_1	0.010	0.005	0.010	0.004	0.427	2.152
		Fe_2	0.011	0.003	0.007	0.003	0.380	2.182
φ_1	北矿区	Fe_1	0.207	0.031	0.017	0.053	0.432	
		Fe_2	0.153	0.015	0.011	0.032	0.267	
φ_{2+3}	北矿区	Fe_1	0.259	0.026	0.018	0.054	0.457	
φ_{2+3}	北矿区	Fe_2	0.122	0.023	0.012	0.035	0.386	
$\sigma\varphi_1$	北矿区	Fe_1	0.339	0.031	0.018	0.064	0.425	
		Fe_2	0.153	0.023	0.012	0.039	0.388	
$\sigma\varphi_2$	北矿区	Fe_1	0.580	0.031	0.017	0.073	0.431	
		Fe_2	0.214	0.026	0.013	0.052	0.388	
ν_2～$\sigma\varphi_2$	北矿区	Fe_1	0.315	0.029	0.017	0.058	0.435	1.902
		Fe_2	0.135	0.020	0.011	0.034	0.376	2.160

红格铁矿各元素的分布富集规律性强，而且在不同的含矿层和空间都比较稳定。

(1)铬(Cr_2O_3)。矿石中的Cr_2O_3主要分布在钛磁铁矿中，分配率占90%，其他矿物含铬甚低，且主要是在脉石矿物中。钛磁铁矿中的Cr_2O_3是随矿石品级和基性程度的增高而增高，在低品位矿石中分配率低，约80%左右。钛磁铁矿中的Cr_2O_3亦表现出韵律性变化，上部较低，下部逐渐增高。

(2)钴(Co)镍(Ni)铜(Cu)。Co、Ni、Cu主要分布在硫化物中，分配率一般占50%以上；钛磁铁矿和脉石矿物次之；钛铁矿所占比例最少，除Co以外，Ni、Cu分配率均在5%以下。

(3)铂族元素(Pt、Pd、Os、Ir、Ku、Rh)和硒碲(Se、Te)。铂族元素在硫化物中的含量，有明显的富集规律。Pt、Os、Ir 在重砂中发现过砷铂矿、硫锇钌矿，含量是很少的。

Se、Te 是以类质同象赋存在硫化物精矿中，全矿区平均含量分别为 0.0044%，0.0005%。

(4)镓(Ga)钪(Sc)锰(MnO)。Ga 主要赋存于钛磁铁矿(60%)和脉石矿物(40%)中，北矿区钛磁铁矿中 Ga 可达 70%~80%。

Sc 主要赋存于钛磁铁矿中，其次为脉石矿物及钛磁铁矿。

MnO 主要分散在钛磁铁矿、钛铁矿和脉石矿物之中，各约占 1/3，不同的矿石品级所占的比例不相同：在 Fe_2 中，以脉石矿物的 MnO 分配率最大(46%)；在 Fe_1 中以钛磁铁矿的 MnO 分配率最大(60%)。

(二)新街钒钛磁铁矿-铂矿床

1. 钒钛磁铁矿

1)含矿岩体特征

新街钒钛磁铁矿区地处扬子陆块西缘，位居康滇构造带中段泸定-米易台拱之上，受长期活动的安宁河及磨盘山岩石圈断裂带所控制，区内不同时期的岩浆杂岩和火山岩十分发育，仅在杂岩带南端或两侧边部有零星震旦系灯影组及中新生代地层分布；该区变质作用以区域动力变质为主，另局部可见热接触变质作用。

新街岩体位于白马岩体南缘，东南侧紧邻安宁河断裂。地表由新街、万家坡、坝头上三个大小不等的基性-超基性岩体露头组成，呈北西南东向展布，其间多被新近系昔格达组及第四系松散堆积物覆盖。岩体长 7km，宽 1.5km，面积约 10.5km^2，厚度大于 500m。倾向南西 240°、倾角 50°~75°。新街矿床除钒钛磁铁矿外，还共生有铂、钯矿床，岩体上部还有独立的钛铁矿体。

矿区内成矿后构造发育，主要为北东向和北西向二组，其发展阶段为华力西中期。①北东向压扭性断裂：将矿体错扭为新街、万家坡、坝头上三段。刚冷凝成岩的新街岩体，由于连续经受南北向压力，沿岩体沿着北东南西扭裂面产生北西盘向南西、北东盘向北东相对错扭的压扭性断裂；其错扭断距从北而南加剧，至坝头上水平断距达数百米，对岩体影响较大。②北西向张性断裂：受南北向的安宁河、昔格达断影响，在夹块内的新街岩体及相邻的玄武岩(华力西末期上二叠统玄武岩喷发成岩)形成与岩体走向一致的北西南东向张性断裂(属边缘断层)。正长岩呈楔形纵贯岩体中部，占据和破坏了新街矿段钒钛磁铁矿层。

新街、万家坡、坝头上三个岩体，从岩相堆积成层的韵律性特征、含矿性、岩石的结构构造及岩体产状等来看都极其相似，推测为同期形成的层状岩体，统称新街岩体。根据地表露头的天然位置和构造地质特征，将其划分为新街矿段(F17、安宁河以西)、万家坡矿段(F17～F27、安宁河以东)、坝头上矿段(F27 以南)。

新街岩体为分异良好的层状基性—超基性杂岩体，岩石成分为上部富铁、钛，低钙的铁质基性岩、下部富铬、铂，高镁的超镁铁岩。根据岩体岩矿石组合的韵律性特征，从下到上分为三个堆积旋回、两个含矿带、四个含矿层，含矿层特征如下所述。

(1)橄辉岩含矿带-Ⅳ含矿带(σφ)。该含矿带在新街矿段分异较好，明显分为上下两个含矿层。

①上部辉绿辉长岩含矿层-Ⅳb(βυ)，该含矿层为单一的辉绿辉长岩所组成的厚大贫钛矿层。岩石由 50%～65%拉长石及 20%～30%辉石、15%～ 20%铁钛氧化物组成，上部含 0.5%的石英。细-中粒辉绿结构及辉长结构，块状构造，风化表面具似斑点状构造。铁钛氧化物以钛铁矿为主，次为钛磁铁矿，呈细粒星点状均布于硅酸盐矿物中。岩石含钛稳定，TiO_2一般为 4%～8%，铁较低，TFe 平均为 11%左右，其下部含钛较上部高(TiO_2平均含量为 7%)，构成本区厚度达 50～60m 贫的钛矿层。Ⅳb 含矿层厚 110m。

②下部橄辉岩-斜长辉石岩含矿层-Ⅳa(σφ+υφ)，本含矿层是由橄辉岩、含长橄栏岩、辉长岩及斜长辉石岩等所组成的基性—超基性互层杂岩带。橄辉岩、含长橄栏岩具嵌晶包橄结构，斜长石呈他形充填于辉石粒间形成填隙状结构。底部偶夹橄辉岩型稀浸铁矿薄层(厚度小于 1～2m)，其中铬含量较高，Cr_2O_3达 0.5%～1%；基性岩 Cr_2O_3含量低，一般为 0.02%～0.04%，但钛的含量较高，可达 6%～9%，组成厚 10 余 m 的贫钛矿层，局部橄栏岩与辉石岩接触部位铜含量较高，达 0.34%，并偶具铂(族)矿化。原一〇六队四分队、矿床地质研究所在本层拣块取样化验发现铂(族)四元素(Pt、Pd、Ru、Rh)合量达 1.804g/t；在地表探槽中也发现两条铂(族)矿层(脉)($_{16}Pt_2$、$_{17}Pt_1$)。本含矿层厚 110m 左右，向北至 P6 线增厚至 200 余 m。

本含矿带向南至万家坡矿段缺失上部辉绿辉长岩含矿层-Ⅳb，以超基性岩为主、间夹 2～3 层具钛铁矿化(TiO_2含量 6%～8%)之斜长辉石岩及流状辉长岩，厚 10～30m。万家坡矿段Ⅳ含矿带厚约 330m。

(2)辉长岩含矿带-Ⅲ含矿带(υ)。

①上部辉长岩含矿层-Ⅲb(συ)，由浅色辉长岩及斑杂状辉长岩组成，一般长石含量较高，达 50%～70%，辉石含量 20%～30%，含少量铁钛氧化物(约 10%左右)。前者具中粗粒辉长结构，块状构造；后者具填隙状结构，斑杂状构造，局部具流状构造。上部钛矿化较贫，TiO_2含量 5%～7%，含矿层厚 20～30m。

②下部橄栏辉长岩含矿层-Ⅲa(συ)，该含矿层为本区钒钛磁铁矿主要富集的层位，由橄栏辉长岩及辉长岩组成。岩石主要由单斜辉石和基性斜长石组成，含 3%～8%的橄栏石。中粒辉长结构，流状及块状构造。普遍含有 10%～35%的铁钛氧化物，形成橄栏辉长岩型及橄长岩型星-中等浸染状钒钛磁铁矿石，矿石以稀疏-中等浸染状为主，部分具海绵陨铁结构。新街矿段深部所见钒钛磁铁矿有三层，矿体沿走向和倾向变化较大，呈似层状和长透镜体状产出。含矿层厚 60～100m。

该含矿带在万家坡矿段(P37线)厚度变薄为30m左右，岩石为辉长岩及斜长辉石岩，不具钒钛磁铁矿化，仅含有较稳定的钛(TiO_2含量4%~8%)。

2)矿体特征

新街岩体是具有多种矿化的基性—超基性层状杂岩体。成矿元素在分异较好的不同部位富集成矿，岩体上部富钛、中部富铁、下部富铂铬。其中，在岩体的北段(新街矿段)分异较好，成矿元素富集，尚可构成具一定工业价值的铁、钛及铂(族)等矿床。

本区具工业价值的钒钛磁铁矿体集中赋存于新街矿段P6~P16线第一堆积旋回上部，辉长岩含矿带(Ⅲ含矿带)中，矿体长1000m左右，埋深标高600~1100m，为未出露地表的隐伏矿体，呈似层状及长透镜体状产出。矿体埋深北高南低，P14线以南矿体埋深标高600~900m，P10线以北矿体埋深标高800~1100m。本含矿带中共有三层铁矿，其特点是上薄下厚、上贫下富，其矿体特征分层简述如下。

(1)第一层铁矿($_1Fe_{2+3}$、$_4Fe_4$)。下部工业矿石($_1Fe_{2+3}$)，为橄栏辉长岩型及橄长岩型稀疏-中等浸染状铁矿石，上贫下富。底部为中浸矿石，P14线ZK143 TFe平均品位34.69%，最高品位44.54%，穿越厚度14.01m，上部为稀浸矿石，ZK143平均品位21.40%，穿越厚度18.35m。$_1Fe_{2+3}$≥20%，矿层共计厚32.36m(真厚度约18m)，平均品位：TFe27.51%，$TiO_2$9.01%，$V_2O_5$0.33%，Cu0.115%。

上部低品位矿石($_4Fe_4$)，为$_1Fe_{2+3}$上部的一层不厚的星浸铁矿石，ZK143穿越厚9.75m(真厚度5.59m)，平均品位：TFe16.91%，$TiO_2$6.84%，$V_2O_5$0.155%，Cu0.096%。

$_1Fe_{2+3}$矿层P14线向北至P10线延深至标高800m，矿体推断出露在810~1050m标高，厚15m左右；P10线再向北至P6线，ZK63控制的厚度为13.17m(真厚度6.59m)，其厚度变薄，品位稍富(TFe29.47%，$TiO_2$10.08%，$V_2O_5$0.35%，Cu0.055%)。其上的星浸矿($_4Fe_4$)厚度有所增大，为16.89m(真厚度8.45m)，平均品位：TFe15.87%，$TiO_2$6.59%，$V_2O_5$0.17%，Cu0.064%。再向北无工程控制。

(2)第二层铁矿($_2Fe_{2+3}$、$_5Fe_4$)，位于橄榄辉长岩含矿层的中部，从上至下分别由星散-中等浸染状矿石组成。其厚度和矿石品位都不及下部$_1Fe_{2+3}$。

下部工业矿石($_2Fe_{2+3}$)在P14线ZK143穿越厚17.25m(真厚度9.89m)，平均品位：TFe23.40%，$TiO_2$8.34%，$V_2O_5$0.34%，Cu0.123%。

上部低品位矿石($_5Fe_4$) P14线ZK143穿越厚7.43m(真厚度4.26m)，平均品位：TFe 16.16%，$TiO_2$6.92%，$V_2O_5$0.16%，Cu0.079%。

第二层矿P14线向北至P10线矿石变贫，仅为低品位矿石，厚度7.71m(真厚度3.86m)，平均品位：TFe16.04%，$TiO_2$6.65%，$V_2O_5$0.19%，Cu0.081%；再向北至P6线，缺失上部低品位矿石，仅出露下部工业矿石，厚度12.85m(真厚度6.43m)，平均品位：TFe24.70%，$TiO_2$9.66%，$V_2O_5$0.35%，Cu0.090%。

(3)第三层铁矿($_3Fe_{2+3}$、$_6Fe_4$)，为本含矿层(Ⅲa)上部最薄的一层铁矿层，其矿石品位较差。在P14线ZK143为橄栏辉长岩型星散-稀疏浸染状矿石，穿越厚14.32m(真厚度

8.21m)，平均品位：TFe20.71%，TiO_2 7.39%，V_2O_5 0.22%，Cu 0.110%。P14 线向北至 P10 线矿带有所增厚，品位变富，并在工业矿石下部出现一层厚度较大的低品位矿层($_6Fe_4$)，P10 线再向北至 P6 线该矿体被晚期正长岩脉破坏。

上部工业矿石($_3Fe_{2+3}$)P10 线 ZK104 厚度 22.20m(真厚度 11.10m)，平均品位：TFe 28.75%，TiO_2 11.30%，V_2O_5 0.40%，Cu0.115%。

下部低品位矿石($_6Fe_4$) P10 线 ZKl04 厚度 19.24m(真厚度 9.62m)，平均品位：TFe15.62%，TiO_2 6.68%，V_2O_5 0.19%，Cu0.079%。

2. 钛矿

本区钛矿层主要赋存于岩石的中上部，集中产于岩体北段的新街矿段；在万家坡矿段，钛铁矿层分散产于厚度不大的基性辉长岩及斜长辉石岩中，多在坝头上矿段。虽然辉长岩出露的厚度大，但因钛品位不高(一般 TiO_2 为 3%~5%)，大多低于综合利用边界品位以下，故无工业意义。

钛矿在新街矿段产于橄栏辉长岩含矿层(Ⅲa)以上的各个含矿层中。矿体产状与岩体产状一致，呈层状及似层状产出。矿石的品位一般是地表富于深部。岩体从上至下，钛矿共分五层，其特征分述如下。

(1)辉长岩下部含矿层(Ⅲa)的钛矿体($_5Ti_3$)。该含矿层中的三层钒钛磁铁矿同时伴生有可供工业利用的铁矿，且构成独立的表内钛矿体，TiO_2 平均含量 8.98%，V_2O_5 0.32%，TFe25.14%。其矿层间的橄栏辉长岩 TiO_2 的含量也较高，达 5%~7%，在含矿层的底部形成一层 6m 左右的贫钛矿层($_5Ti_3$)，TiO_2 含量 7.40%，V_2O_5 0.110%，TFel3.20%。$_5Ti_3$ 的厚度和品位较稳定，呈层状分布于Ⅲa 含矿层的底部，在 P14 线 $_5Ti_3$ 有两层，上层厚 7m 左右，呈透镜状或分叉状尖灭。

(2)辉长岩上部含矿层(Ⅲb)中的钛矿体($_4Ti_3$)。Ⅲb 上部斑杂状辉长岩含钛较高，在 P10 线 ZK104 孔构成厚 11m 的贫钛矿层($_4Ti_3$)，TiO_2 含量 6.84%，V_2O_5 0.13%，TFe12.81%。矿体呈似层状分布。

(3)橄辉岩-斜长辉石岩含矿层(Ⅳa)中的钛矿体($_3Ti_{2+3}$、$_2Ti_{2+3}$)。

①下部钛矿体($_3Ti_{2+3}$)，分布在 P14 线Ⅳa 底部橄辉岩星浸铁矿及含钛高的斜长岩互层中，可构成钛矿体，厚 20m 左右，呈长透镜体状，TiO_2 含量平均达 9.5%左右，V_2O_5 0.13%，TFe 含量 12%~15%。

②上部钛矿体($_2Ti_{2+3}$)，分布在Ⅳa 含矿层中部的斜长辉石岩中，呈稳定层状产出，厚 15m 左右，TiO_2 含量 6%~9%，平均 7.5%，V_2O_5 0.10%，TFell.00%。

$_3Ti_{2+3}$ 及 $_2Ti_{2+3}$ 同属Ⅳa 含矿层，故在储量计算时合并为 Ti_{2+3} 计算储量，其平均品位 TiO_2 达 8.45%，V_2O_5 0.11%，TFe12.34%。

(4)辉绿辉长岩含矿层(Ⅳb)中的钛矿体($_1Ti_3$)。该含矿层为厚度大、含钛较高及岩性单一的辉绿辉长岩组成，TiO_2 含量均在 4%以上，全岩平均达 5.5%，含矿层厚 110m，

Ⅳb 下部含钛明显较上部高，且可构成表外铁矿体，厚 70m 左右，矿化均匀，矿体稳定，呈层状产出，TiO_2 平均品位 6.6%，V_2O_5 0.11%，TFe 12.49%。

米易县新街矿区岩体岩序及矿带(层)划分图如图 5-9 所示，新街矿区 P14 勘探线剖面图如图 5-10 所示。

堆积旋回	岩相带	含矿层		厚度/m	柱状图	岩石（层）组合
正长岩						角闪石英正长岩
第三堆积旋回	流状辉长岩带 Ⅵ vf	上含矿层		>420		浅色条带状辉长岩，斑杂状辉长岩流状辉长岩；细粒辉长岩，流状辉长岩，暗色斜长辉石岩
>860	辉石岩带 Vφ			440		辉石岩，橄辉岩，橄榄岩，含长橄榄岩及斜长辉石岩；辉石岩，斜长辉石岩，橄辉岩
第二堆积旋回	橄辉岩带 Ⅳ $\sigma\varphi$		Ⅳb	110		辉绿辉长岩
230			Ⅳa	120		橄辉岩，含长橄榄岩，斜长辉石岩。底部见7.5 m厚度铂矿
第一堆积旋回	橄长岩带 Ⅲν	标志层	Ⅲb	30~50		辉长岩，斜长辉石岩
			Ⅲa	60~100		含橄辉长岩，橄榄辉长岩，橄长岩。含透镜状钒钛磁铁矿
	斜长橄榄岩带 Ⅱ$\nu\sigma$	下含矿层	Ⅱb	40~60		斜长辉石岩
			Ⅱa	30~40		斜长橄榄岩
	橄榄岩带 Ⅰσ		Ⅰb	50~80		斜长辉石岩，斜长橄榄岩。底部偶夹薄层铂矿
370~490			Ⅰa	>160 合计 1460~1480		橄榄岩，斜长辉石岩。铂（族）矿层总厚度6~10m。接触带见弱的铂铜矿化
	$P_2\beta$					上二叠统峨眉山玄武岩

图 5-9　米易县新街矿区岩体岩序及矿带(层)划分图

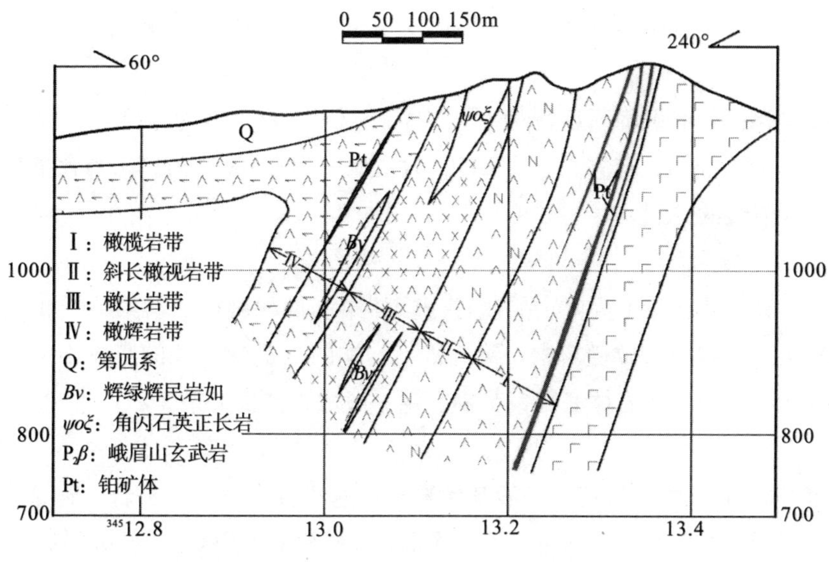

图 5-10　新街矿区 P14 勘探线剖面示意图

3. 矿石组成及结构构造

矿石矿物以钒钛磁铁矿、钛铁矿为主，含少量硫(砷碲)化物。脉石矿物主要是橄榄石、斜长石、辉石、少量角闪石、黑云母及次生矿物。

矿区铁钛氧化物集中分布在第一堆积旋回的上部，形成钒钛磁铁矿体。铁钛氧化物含量从里向外减少，分别形成渐变的中等浸染状、稀疏浸染状和星散浸染状铁矿石；在中等浸染状和稀疏浸染状矿石中多具海绵陨铁结构。

岩体底部钒钛磁铁矿石中常见假斑状结沟，早期钛铬铁矿与辉石、橄栏石形成镶嵌结构和包含结构，在钛磁铁矿和钛铁矿中广泛发育出溶结构，金属硫化物中具较强的次生交代作用形成反应边结构及残余变晶结构。

矿区矿石以浸染状构造为主，常见流状及条带状构造，局部呈斑杂状构造。

4. 矿石化学成分

1)铁、钛、钒

铁在岩体中部(第一堆积旋回上部)富集，形成似层状及透镜状钒钛磁铁矿体；在第一堆积旋回底部常呈脉状或薄层状，规模小而分散。

岩体的上部富钛(TiO_2含量 4%～8%)，形成厚大的贫钛矿层。钛在基性岩(辉长岩、斜长辉石岩、伟晶辉长岩、辉绿辉长岩等)中含量较高，铁钛比值(TFe 与 TiO_2含量比)较低，为 2～3；在超基性岩(橄栏岩、橄辉岩、辉石岩等)中 TiO_2含量低(一般为 2%～3%)，铁钛比值较高，为 3～5。在橄栏岩型稀-中浸矿石中，铁钛成正消长关系。

在第一堆积旋回超基性岩铁矿石中，钛、钒含量不高，如橄栏岩型二级品矿石(Fe4)TFe 为 18%左右，TiO_2为 3%，V_2O_5为 0.05%左右，在基性岩贫钛矿层中，TFe 含量虽低(8%～12%)，而钒的含量相对较高(V_2O_5为0.08%～0.12%)且稳定。

2)铬

铬主要赋存在各堆积旋回底部橄榄岩中，Cr_2O_3一般含量为0.2%～0.4%，向下增高，局部可达1%～2%。在辉长岩中Cr_2O_3含量低，为0～0.02%。铬的含量与岩性关系密切，严格受岩性的控制。

3)铜、钴、镍

铜、钴、镍一般含量不高，主要赋存于岩体第一堆积旋回。在第一堆积旋回中，铜高镍低；在第三堆积旋回橄榄岩中，镍高铜低。铜的含量受岩性的影响不大，而镍、钴主要分布在橄榄岩中。在岩体底部铜与钴、镍一般成正消长关系。

4)磷

P_2O_5 含量与岩性关系密切，一般基性岩较超基性岩为高。辉长岩、辉绿辉长岩及斜长辉石岩中 P_2O_5 含量为0.2%～0.4%，辉石岩及橄榄岩中为0.1%～0.2%。

5)铂(族)

铂族元素包括铂(Pt)、钯(Pd)、锇(Os)、铱(Ir)、钌(Ru)、铑(Rh)六种，本区铂族元素以铂、钯为主。铂和钯的关系受岩性控制，一般在超基性岩(橄榄岩、橄辉岩)铂(族)矿石中，Pd>Pt，在基性岩(斜长辉石岩)铂(族)矿石中，Pt>Pd。其次为锇、铱，其含量不高，Os+Ir与Pt+Pd比值为1/10左右。钌、铑的含量在本区极低，与铂、钯含量的比值约为1/10～1/15。

铂(族)元素的含量分布具有明显的韵律性，它们都是赋存在堆积旋回的底部。岩体向下随着岩石基性程度、铁镁比值的增高，铂(族)元素富集的规模(厚度)增大，含量增高。也就是铂(族)元素主要赋存在岩体底部第一堆积旋回下部的基性—超基性杂岩带中，而各堆积旋回上部的基性岩铂(族)元素含量极低，近乎为0。

铂(族)元素的富集与铜、镍、硫的关系较为复杂，主要与铂(族)元素的矿石类型有密切关系。

(1)岩体中部粗伟晶斜长辉石岩和橄栏辉长岩钒钛磁铁矿层中是Ni、$\sum$ Pt含量极低；

(2)富硫化物型橄栏岩、橄辉岩、斜长辉石岩(包括后期硫化物型)中Cu、Ni与$\sum$ Pt一般成正消长关系；

(3)低硫斜长辉石岩型富铂(族)矿中是$\sum$ Pt高而Cu、Ni低。

5. *矿石类型和品级*

根据矿石构造、含矿母岩性质、矿石构造、有益组分含量以及工业要求的不同，矿区钒钛磁铁矿石类型可作如下划分。

1)按含矿母岩

在辉长岩含矿带（Ⅲ含矿带）按含矿母岩分为橄栏辉长岩型、含橄辉长岩型、橄长岩型、及辉长岩型；

在堆积旋回下部的Ⅳa、Ⅰa 含矿层分为橄辉岩型、辉石岩型、橄栏岩型。

本区最主要的钒钛磁铁矿为橄栏辉长岩型及橄长岩型。

2)按矿石构造和铁钛氧化物含量

星散浸染状矿石（星浸矿 Fe_4）铁钛氧化物含量（体积）10%～20%，含铁（TFe）品位15%～19.99%。

稀疏浸染状矿石（稀浸矿 Fe_3）铁钛氧化物含量 20%～35%，TFe 品位20%～29.99%。

中等浸染状矿石（中浸矿 Fe_2）铁钛氧化物含量 35%～60%，TFe 品位30%～44.99%。

本区基本上无稠密浸染状矿石和致密块状矿石。

6.矿体（层）围岩

组成新街矿床的矿物主要为铁、钛、铬氧化物和硅酸盐矿物，它们以不同种类、不同含量、不同形式和不同结构、构造组成矿床内各含矿层带的矿石和夹石。矿体与围岩和夹石的区别在于岩石中铁钛氧化物的含量。按工业指标，矿石边界的划分以 TFe 化学分析品位为依据，即 TFe≥15%为矿石，TFe<15%为围岩或夹石。夹石分布随含矿带的不同稍有差别。

矿区内广泛分布不同时期、不同种类的脉岩，如辉绿岩、辉长辉绿岩、正长岩等。其中以正长岩分布较广、规模较大，破坏了岩矿体的完整性，并使含矿岩体的含矿性减弱。

7.矿床共（伴）生矿产

新街钒钛磁铁矿床以钒钛磁铁矿、钛矿及铂（族）矿为主，尚伴生有铬、铜、钴、镍等多种有用元素，可资综合利用。

新街铂矿床为钒钛磁铁矿共生矿床，矿体赋存于岩体底部橄榄岩、辉石岩及斜长辉石岩中。矿体规模较小，分布分散，呈薄层或条带状产出（累计厚度 4m 左右）。矿石品位低，铂族元素总量 0.3～1.5g/T，平均 0.5～0.6g/T。矿石发现有硫锇矿、砷铂矿、自然铂等独立矿物。矿石经中国地质科学院矿床地矿研究所六室一件人工重砂样研究结果，证实铂族元素 98%赋存于硫化物中。

二、岩浆分异辉长-橄长-斜长橄辉岩型

岩浆分异辉长-橄长-斜长橄辉岩型矿床也属岩浆分异基性—超基性岩型矿床，攀西地区该类矿床主要有白马矿床。棕树湾矿区位于白马岩体西北侧，属白马岩体上部岩层中的一个矿床。

（一）白马矿床

1. 含矿岩体特征

白马钒钛磁铁矿床赋存于白马辉长岩－橄榄岩－斜长橄辉岩中下部，岩体走向南北，倾向西，倾角 50°～70°。岩体长 24km，宽 2～6km，最大厚度 4634m，面积近 $100km^2$。矿床自北向南分为夏家坪、及及坪、田家村、青杠坪、马槟榔 5 个矿段，其中及及坪、田家村、青杠坪为主要矿段，查明资源量占 90%以上。

白马钒钛磁铁矿床赋存于华力西早期形成的含矿基性超基性层状岩体 I 级韵律旋回(含矿辉长岩体)的中下部，矿床本身就是含矿基性超基性层状岩体的一个重要组成部分，系岩浆晚期分异型矿床。矿体的产状与含矿基性超基性层状岩体产状一致，是一个以铁为主，并伴生有钛、钒及少量钴、镍、铜等多种有用组分的大型多金属矿床。主要含铁矿物为钛磁铁矿，少量赤、褐铁矿；主要含钛矿物为钛铁矿；含钴、镍、铜的矿物主要是各种硫化物。脉石矿物主要为斜长石、钛普通辉石和橄榄石，橄榄岩不仅分布普遍且含量相应高。

白马岩体自下而上划分的六个岩相带中，除上部两个岩相带(⑤斑点状黑云母化辉长岩相带、⑥辉长岩-似斑状橄榄辉长岩相带基本不含工业矿体外)，下部的四个岩相带都含有规模大小不一的工业矿体，图 5-11 为白马含矿岩体岩性柱状图。

按照岩相带内铁钛氧化物的含量及与矿体的形态、规模及矿石结构构造等特征，矿床自下而上划分为 IV、I、II、III 四个矿体，并赋存在相应的岩相带内，其中 I 矿体为矿区的主要矿体。其对应关系如表 5-3 所示。

表 5-3 岩相带与矿体对应关系表

岩相带名称	对应之含矿层编号
橄长岩相带	Ⅳ含矿层
斜长橄辉岩-斜长橄榄岩相带	Ⅰ含矿层
橄榄辉长岩相带	Ⅱ含矿层
含磷灰石橄榄辉长岩-橄榄岩相带	Ⅲ含矿层
斑点状黑云母化辉长岩相带	
辉长岩-似斑状橄榄辉长岩相带	

2. 矿床特征

1)矿体形态产状

I 矿体位于 I 韵律旋回底部，为一个厚大层状矿体。其形态产状与含矿层一致，呈稳定的层状产出，走向近南北，倾向西，倾角 50°～70°。在纵剖面上底部呈平缓波状。矿体

韵律层		岩相带	矿带	矿体	柱状图	厚度/m	岩性描述
C	C3	流状橄榄辉长岩、似斑状含长橄榄辉长岩				65～169 / 125	深灰色流状橄榄辉长岩，中细粒结构，流状构造，主要矿物为基性斜长石、辉石，次要矿物为橄榄石，含少量磁铁矿
C	C3	流状橄榄辉长岩、似斑状含长橄榄辉长岩				53～83 / 61	深灰色似斑状橄榄辉长岩，具辉包长结构，块状构造，主要矿物为基性斜长石、辉石，次要矿物为橄榄石，辉石颗粒2～5mm，呈似斑状
C	C2	流状橄榄辉长岩、似斑状含长橄榄辉长岩	Ⅵ	Ⅳ号矿体 Ⅲ号矿体		171～526 / 330	深灰色流状橄榄辉长岩，中细粒结构，流状构造，成分以基性斜长石、辉石、橄榄石为主，下部含星散浸染状磁铁矿层，填隙状结构，星散浸染状构造，Ⅳ矿体、Ⅲ矿体矿层均厚11m左右
C	C2	流状橄榄辉长岩、似斑状含长橄榄辉长岩				52～118 / 70	深灰色似斑状橄榄辉长岩，具辉包长结构，块状构造，主要矿物为基性斜长石、辉石，次要矿物为橄榄石，辉石颗粒2～5mm，呈似斑状
C	C1	流状橄榄辉长岩、似斑状含长橄榄辉长岩	Ⅴ	Ⅱ号矿体 Ⅰ号矿体		181～449 / 298	深灰色流状橄榄辉长岩，中细粒结构，流状构造，成分以基性斜长石、辉石、橄榄石为主，含星散浸染状构造，Ⅱ号矿体位于中上部，厚约76m，Ⅰ号矿体位于下部，厚约48m
C	C1	流状橄榄辉长岩、似斑状含长橄榄辉长岩				>50	深灰色似斑状橄榄辉长岩，具辉包长结构，块状构造，主要矿物为基性斜长石、辉石，次要矿物为橄榄石，辉石颗粒2～5mm，呈似斑状
B	B3	黑云母化辉长岩				1680	中粒黑云母化辉长岩，普遍受正长岩交代生成黑云母，钛角闪石交代形成斑晶，含矿性差
B	B2	含磷灰石橄榄辉长岩-橄长岩	Ⅲ			1060	由辉长岩、橄榄辉长岩、富橄辉长岩等互层产出，具条带状构造，含磷灰石3%～5%，下部有薄层星星浸矿
B	B1	橄榄辉长岩	Ⅱ			218	橄榄辉长岩为主，次为橄长岩、含橄辉长岩、辉长岩。下部矿石为星散浸染状-稀疏当当矿
B	B1	斜长橄榄岩-斜长橄辉岩	Ⅰ			201	上部斜长橄辉岩-斜长橄辉岩型稀-中浸矿，下部斜长橄榄型稀-中浸矿
A		橄长岩-橄榄辉长岩	Ⅵ			80	上部为橄长岩型星-稀浸矿，下部为中粗粒橄榄辉长岩

图 5-11　白马含矿岩体岩性柱状图

分布在夏家坪、及及坪、田家村、青杠坪四个矿段，及及坪、田家村下段保存完整；青杠坪矿段、夏家坪矿段后期岩浆破坏保存不完整；马槟榔矿段被后期岩浆破坏厉害，基本不存在了。

在矿体内部常夹有 0～4 层透镜状或薄层状橄榄辉长岩夹石，它们呈不断续平行排列，但未将矿体分割成独立的矿体，而只是使矿体的形态发生分支复合、膨胀收缩而已。

Ⅱ矿体位于Ⅰ韵律旋回的下部，由数十个零星透镜状矿体组成。单个矿体见定向排列呈似层状。矿体产状与含矿层一致，与Ⅰ矿体中矿体平行，沿倾斜延深。

2)矿体规模

(1)Ⅰ矿体，长 10km 左右，厚 29.00～136.82m，主要为工业矿石，少量低品位矿石已控制斜深，一般 1000～1200m，最大 1500m 以上。

Ⅰ矿体沿走向及及坪矿段从 P7 至 P23 线矿体南北长 2980m，并向南北两端继续延伸，夏家坪矿段由铁厂垭口至 F1 断层断续展布长 2300m。沿倾向及及坪矿段 P17 线已控制斜深 1830m，矿体仍较稳定，但有变薄的趋势；夏家坪矿段 P6 线已控制斜深 935m，变薄趋势明显，局部尖灭(P108 线)。

及及坪矿段：矿体最大厚度为 122.29m，其中工业矿石厚 118.66m；最小厚度 36.17m，全为工业矿石；一般厚度为 60～95m；平均厚度为 77.36m(其中工业矿石厚 72.26m)。

夏家坪矿段：矿体最大厚度为 70m，其中工业矿石最厚 57m；一般厚度为 30～50m，平均厚度为 38m。

田家村—青杠坪矿段：Ⅰ号矿体走向、倾向延伸稳定，规模大，呈厚层状产出，其形态产状与含矿层一致，以工业矿石为主。控制走向长约 6050m，倾向 340～1200m，走向近南北，倾向西，倾角 50°～70°，在纵剖面线上底部呈平缓波状。田家村矿段最大厚度为 136.82m，最小厚度为 68.80m，平均厚度 107.61m(均为工业矿体)。青杠坪矿段最大厚度为 93.77m，最小厚度为 29.00m，平均厚度 67.69m(均为工业矿体)。

马槟榔矿段：Ⅰ矿体位于Ⅰ含矿带内，控制标高 1500～1990m。矿体沿走向上被底部的伟晶辉长岩贫化、穿插呈不连续的小矿脉、矿条及小透镜体状。产状与含矿带大体一致，西倾，倾角 40°～60°。矿体一般厚 5m，最厚 19m(P322 线)，最深 P322 线控制倾深 340m。

矿体沿走向被分割成不连续的两段，最北端的 P308 线、中部的 P322～P326 线，南北断续延长约 800m，控制矿层最大厚度 29m(分布于 P308 线)，平均厚度 19.75m，其中 Fe_1 厚 10.50m，Fe_2 厚 9.25m。

(2)Ⅱ矿体。

田家村—青杠坪矿段：Ⅱ矿体为似层状矿体，其形态产状与含矿层一致，与Ⅰ矿体平行。该矿体主要分布在 P26～P44 勘探线间，沿走向控制 3600m；沿倾向控制斜深 800～200m，矿体总体较稳定，局部尖灭又再现。田家村矿段最大厚度为 46.74m，最小厚度为 12.41m，平均厚度 27.96m(其中工业矿体厚 13.23m，低品位矿体厚 18.54m)。青杠坪矿段最大厚度为 56.07m，最小厚度为 21.71m，平均厚度 34.65m。Ⅱ至Ⅴ号矿体延伸较差，品位厚度稳定性较差，多呈条带状、透镜状产出，以低品位矿体为主。控制走向长约 400～2000m，倾向 120～1200m。Ⅲ～Ⅴ号矿体等 3 条矿体规模较小，矿体较薄，局部呈似层状。多呈条带状、透镜状产出，沿走向控制最长 2200m(⑤号矿体)，一般为 1800m；沿倾向控制为 800～200m。

及及坪矿段：矿体厚度有由北向南变薄的趋势。Ⅱ矿体规模大小悬殊。小者呈透镜状，厚度仅 5～8m，沿走向和倾向延伸几十米或 100m 左右即尖灭。大者呈似层状，厚度一般 10～30m，最后可达 50 余米。沿走向延伸 1000m 以上，沿倾向延伸也可达 500m 以上。但这类矿体形态较复杂，沿走向或倾向常出现分支呈透镜状尖灭或出现复合膨胀收缩现象。该矿体多数被橄榄辉长岩夹石分开。分布在顶部的矿体厚度较小，厚度一般为 5～15m，沿倾向一般延伸 150～200m 即尖灭，仅少数延伸在 350m 以上。分布在中部和下部的矿体一般厚度 10～30m，沿倾向延伸通常在 350m，以上。开采Ⅰ矿体时可一并开采。该矿体平均厚度 44.10m(其中工业矿石 13.95m，低品位矿石 30.15m)，最大厚度为 77.82m(P63 线)，一般厚 30～60m，平均厚度 40.55m(其中工业矿石 12.91m，低品位矿石 27.64m)。该矿体沿走向从北往南有变厚的趋势，且及及坪矿段的厚度变化较大。

马槟榔矿段：Ⅱ矿体位于Ⅱ含矿带内，呈似层状或透镜状，产状与含矿带基本一致，西倾，倾角 40°～60°。控制矿体标高 1550～2020m，为勘查区主要矿体。

Ⅱ矿体沿走向自北向南矿体大致分三段，第一段：分布于 P306 至 P308 线一带长约 300m 的地段，第二段：分布于 P314～P326 线长约 1300m 范围，第三段：分布于 P334～P337 线长约 400m 地段，合计长约 2000m。其中以第二段即 P314～P326 线的矿体为主，矿体厚度具两端薄，中部厚之特点。从平面上 P318～P320 线矿层沿走向延续性最好，其中 P314、P322 线矿体之厚度地表控制较好，但延深较差。P314～P318 线矿层沿走向为不连续的透镜体状，其原因主要由于石英正长岩脉及混染岩的杂乱穿插和吞食使矿体的形态呈分支复合、尖灭再现的特点。Ⅱ矿体以稀浸染条带状矿石为主，少量中等浸染状矿石，其中 Fe_1 矿石占 58.3％，Fe_2 矿石占 41.7％。

白马钒钛磁铁矿区田家村矿段 P26 线地质剖面图如图 5-12 所示。

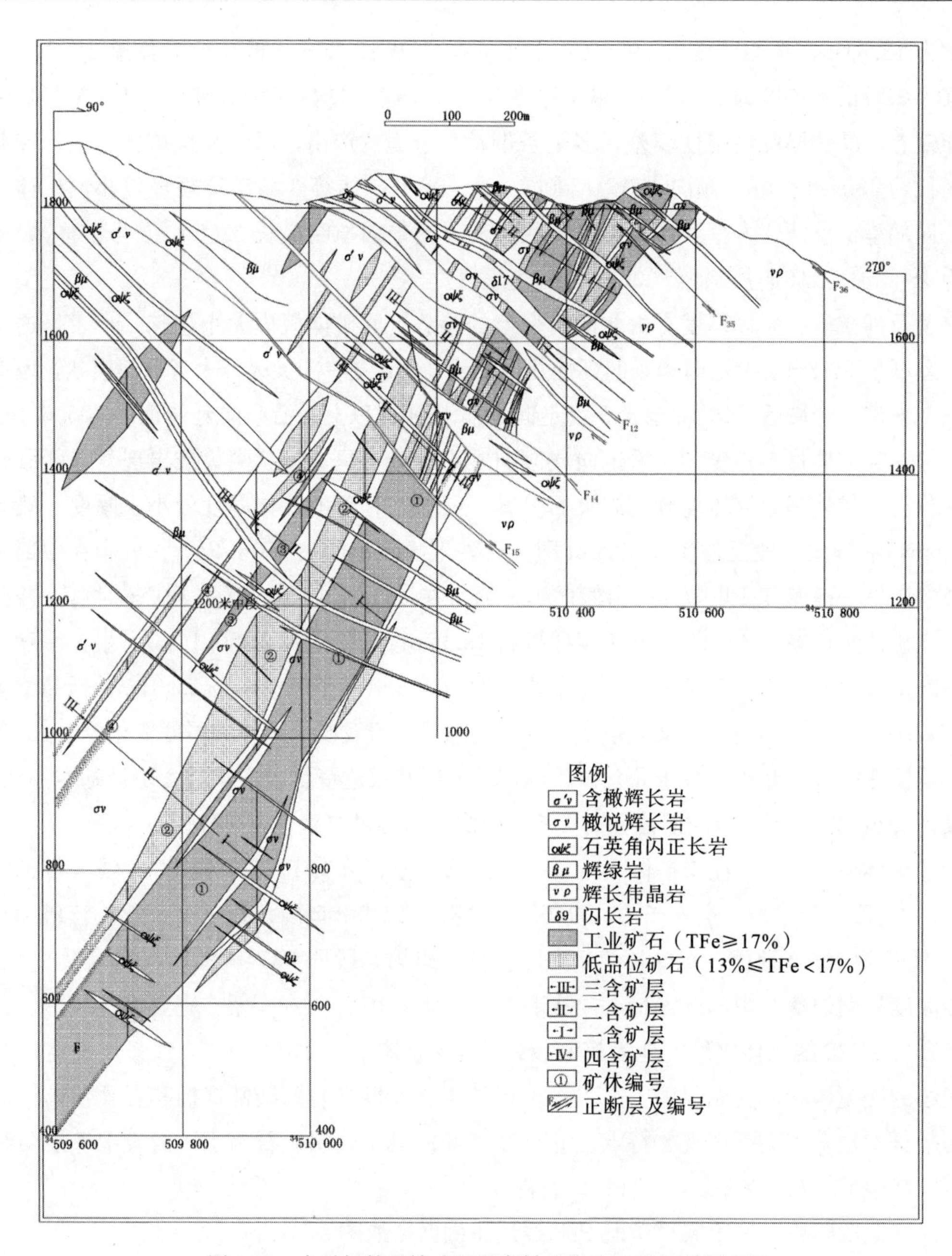

图 5-12　白马钒钛磁铁矿区田家村矿段 P26 线地质剖面图

3. 矿石特征

1)矿石组成

Ⅰ矿体以浸染状工业矿石为主，工业矿石占 92.82%，低品位矿石占 7.18%。Ⅱ矿体以星－稀浸稀疏条带状低品位矿石为主，星－稀浸密集条带状工业矿石次之。低品位矿石占 70.64%(及及坪矿段为 71.01%，夏家坪矿段为 70.18%)，工业矿石占 29.36%(及及坪矿段为28.99%，夏家坪矿段为29.82%）。在地表仅见有少量透镜状小矿体，沿走向倾向都延伸不远即行尖灭。

2）Ⅰ矿体品位及其变化

及及坪矿段工业矿石平均品位：TFe28.11%、TiO_2 6.36%、V_2O_5 0.27%，低品位矿石平均品位：TFe17.11%、TiO_2 3.72%、V_2O_5 0.15%；夏家坪矿段工业矿石平均品位：TFe28.87%、TiO_2 6.66%、V_2O_5 0.27%，低品位矿石平均品位：TFe17.24%、TiO_2 4.10%、V_2O_5 0.15%；马槟榔矿段矿体平均品位：TFe19.66%，TiO_2 4.58%、V_2O_5 0.14%。其中，工业矿石平均品位：TFe21.94%，TiO_2 5.14%、V_2O_5 0.15%；低品位矿石平均品位：TFe17.14%，TiO_2 3.71%、V_2O_5 0.12%。

矿石中除铁，钛、钒外，还含有Cu，Co、Ni、S等多种有用伴生元素，其平均含量如下所述。

及及坪矿段：工业矿石Cu0.035%、Co0.017%、Ni0.028%、S0.436%；低品位矿石Cu0.030%、Co0.011%、Ni0.019%、S0.372%。

夏家坪矿段：工业矿石Cu为0.044%、Co0.004%、Ni0.023%、S1.26%；低品位矿石Cu0.044%、Co0.007%、Ni0.015%、S0.086%。

经过资料比对分析，工业矿体矿石TFe的品位沿走向（从北到南）和沿倾向（由浅至深）都有变贫的趋势，但变化幅变不大。而低品位矿石则无明显规律性变化；TFe、TiO_2、V_2O_5三者之含量变化互为正相关关系；Cu、Co、Ni、S四者之含量变化一般亦互为正变化关系。

3）Ⅱ矿体平均品位

及及坪矿段工业矿石：TFe23.31%、TiO_2 5.37%、V_2O_5 0.22%；低品位矿石：TFe17.19%、TiO_2 3.93%、V_2O_5 0.16%；夏家坪矿段工业矿石：TFe22.94%、TiO_2 6.02%、V_2O_5 0.22%，低品位矿石：TFe16.88%、TiO_2 4.40%、V_2O_5 0.15%。马槟榔矿段矿体平均品位：TFe21.47%，TiO_2 6.60%、V_2O_5 0.19%。其中，工业矿石平均品位TFe25.41%，TiO_2 7.53%、V_2O_5 0.22%；低品位矿石TFe16.78%，TiO_2 4.90%、V_2O_5 0.12%。

矿石中除铁外，还伴生有Cu、Co、Ni、S等有用元素，其平均品位为：工业矿石中Cu为0.026%、Co0.014%、Ni0.017%、S0.480%；低品位矿石中Cu为0.019%、Co0.010%、Ni0.013%、S0.354%，夏家坪矿段工业矿石中Cu为0.027%、Co0.015%、Ni0.016%、S0.629%，低品位矿石中Cu为0.011%、Co0.010%、Ni0.008%、S0.432%

TFe品位沿走向、沿倾向变化幅度不大，及及坪矿段的平均品位高于夏家坪矿段的平均品位说明矿体品位沿走向自南而北有变贫的趋势。同时TFe、TiO2、V2O5三者互呈正相关关系，Cu、Co、Ni，S四者互成正相关关系。

4）矿石结构构造特征

Ⅰ矿体的矿石结构以海绵陨铁结构为主，是该矿体中稀到中稠浸矿石的要结构类型，其次是粒状嵌晶结构和假斑状嵌晶结构，这后两种结构主要在矿体底部的矿体中。

矿石构造以中等至稠密浸染状构造为主，次为稀疏浸染状构造。在位于矿体顶、底部矿体的矿石中还见有中等至密集条带状构造。

Ⅱ矿体的矿石结构，以填隙状结构为主，海绵陨铁结构次之，这是该矿体低品位矿石的典型结构特征，此外还见有少数反应边结构。

矿石构造以稀疏至中等条带状构造为主，星散至稀疏浸染状构造次之，偶见中等浸染状构造。

(二)棕树湾矿床

1. 矿区地质

普要查区成矿岩体为华力西期基性—超基性辉长岩体。主要岩性有灰色-深灰色流状橄榄辉长岩、深灰-黑灰色似斑状嵌晶含橄辉长岩、灰色细粒辉长岩等。区内的基性—超基性岩体分异具有明显的旋回特征，自下而上划分为A、B、C三个韵律旋回。棕树湾含矿岩体位于白马含矿岩体西部，分异韵律上属C旋回。

2. 矿体特征

棕树湾矿床据以往的研究，认定其属白马岩体的上部岩层中赋存的矿床，如图5-13所示。

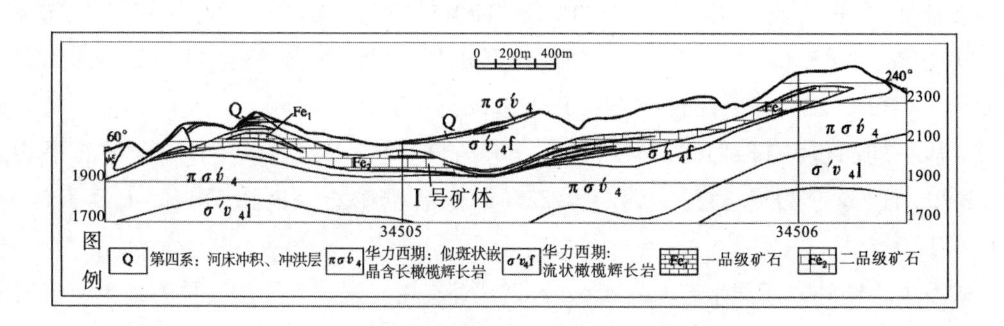

图5-13 四川省米易县棕树湾钒钛磁铁矿 π_1 勘查线地质剖面示意图

通过普查共发现4个矿体。矿体总体上呈北东南西向展布，倾向西，其产状为270°～300°∠24°～43°，与岩体产状一致，呈层状、似层状、透镜状产出。总体上看，矿体倾角缓，埋藏浅，矿体连续性好；各矿体在岩体内沿走向、倾向延伸并逐渐尖灭，其形态和规模各异，分述如下。

(1)Ⅰ号矿体特征。Ⅰ号矿体赋存于C1韵律层中下部，岩性组合为“流状含橄辉长岩-似斑状含长橄辉长岩”。Ⅰ号矿体在走向上分布在P29线至P15线，往南向P27线尖灭，往北向P17线尖灭，走向延长约3600m；在倾向上逐渐变薄直至尖灭，延深600m。本次普查共布置33个钻孔对Ⅰ号矿体进行控制，其中有28个钻孔揭露该矿体，矿体厚度6.39～132.93m，一般厚20～60m，平均厚48.05m，厚度变化系数65.75%。其中工业矿厚5.03～78.49m，平均厚24.92m，低品位矿厚6.39～80.86m，平均厚40.08m。

Ⅰ号矿体矿化程度较好，以低品位矿为主，含少量工业矿石，对于C1韵律层来说，平均含矿率13.44%。矿石品位一般为13.79%～19.96%，单个样品最高品位33.06%，平均15.42%，矿体的品位变化系数9.92%；低品位矿品位一般为13.79%～16.25%，平均14.78%；工业矿石品位一般为17.36%～21.00%，平均15.42%，

(2)Ⅱ号矿层特征。Ⅱ号矿体赋存于C1韵律层上部，岩性组合为“流状含橄辉长岩-似斑状含长橄辉长岩”。矿体分布在P13线至P15线，往南向P11线尖灭，往北向P17线尖灭，走向延长约800m；在倾向上逐渐变薄直至尖灭，延深200m。钻孔在控制Ⅰ号矿体时有2个钻孔揭露该矿体，矿体厚度74.48～77.61m，平均厚76.05m。

矿体矿化较差，为低品位矿，矿石品位14.74%～15.51%，平均15.13%，

(3)Ⅲ号矿层特征。Ⅲ号矿体赋存于C2韵律层下部，岩性组合为“流状含橄辉长岩-似斑状含长橄辉长岩”。矿体分布在P7线至P11线，往南向P5线尖灭，往北向P13线尖灭，走向延长约1000m；在倾向上逐渐变薄直至尖灭，延深100m。钻孔在控制Ⅰ号矿体时有3个钻孔揭露该矿体，矿体厚度3.71～9.14m，平均厚5.80m。

Ⅲ号矿体矿化较差，为低品位矿，矿石品位14.05%～14.52%，平均14.33%，如表2-9所示。

(4)Ⅳ号矿体特征。Ⅳ号矿体赋存于C2韵律层下部，岩性组合为“流状含橄辉长岩-似斑状含长橄辉长岩”。矿体分布在P3线至P5线，往南向P1线尖灭，往北向P7线尖灭，走向延长约700m；在倾向上逐渐变薄直至尖灭，延深150m。钻孔在控制Ⅰ号矿体时有3个钻孔揭露该矿体，矿体厚度9.10～11.42m，平均厚10.29m。

Ⅳ号矿体矿化较差，为低品位矿，矿石品位13.58%～15.00%，平均14.19%，该矿体的Ti含量较其他3个矿体高，平均6.24%。

3.矿石特征

矿体围岩主要为流状含橄辉长岩，造岩矿物主要为普通辉石、基性斜长石及橄榄石。矿石矿物以钛磁铁矿、钛铁矿为主，磁黄铁矿次之。

1)矿石结构构造

矿石的主要结构有：填隙状结构、海绵陨铁结构、粒状嵌晶结构。此外还有反应边结构、交代结构和压碎结构。

矿石的主要构造有：星散浸染状构造和稀疏浸染状，局部见中等浸染状。

各类矿石的结构构造，从成因看，主要分为含矿岩浆早期和晚期阶段生成的。在各种结构构造中，铁钛氧化物与脉石矿物的形态、粒度及其相互排列关系等各有特点。

2)矿石品位

主要矿体(Ⅰ号矿体)矿石为星散浸染状-稀疏浸染状钒钛磁铁矿，金属矿物主要有磁铁矿，钛磁铁矿，钛黄铁矿等，为填隙状结构，全铁含量13%～27%，磁性铁含量约占全铁含量的60%。脉石矿物主要为辉石、斜长石、橄榄石。矿石中的有益组分有 TiO_2、V_2O_5、Cu、Co、Ni、Cr_2O_3、MnO、Ga、S、P 等，TiO_2、V_2O_5 基本达到工业利用品位。

第三节　岩浆晚期熔离贯入型(?)

一、黑古田矿床

(一)含矿岩体特征

矿区所处大地构造位置属杨子陆块康滇构造带中段的川滇南北构造带之南北向安宁河大断裂西侧。

区内岩浆岩以华力西期含矿基性-超基性岩体和中元古界石英闪长岩体为主。含钒钛磁铁矿基性-超基性岩体侵位于石英闪长岩中。石英闪长岩经区域变质作用具混合岩化，片理特征明显，片理、片麻理走向多呈北东向，其中多见长英质岩脉分布。含钒钛磁铁矿基性-超基性岩体出露于矿区中部，北东—南西走向，倾向北西，倾角60°～85°，岩体产状与围岩产状基本一致，为顺层侵入。在矿区东西两侧，见第四系坡积及残坡积层出露。

区内构造简单，主要为近南北向的杉木洞断层(F_1)及北西向的藿麻沟断层(F_2)。F1断层分布于矿区东部，长约10km，走向近南北，倾向西，倾角60°左右，破碎带宽10余米，有石英脉穿插，为压扭性断层；F_2出露于矿区西部的藿麻沟，走向北西，倾向南西，倾角15°～20°，破碎带宽约1m。

此两组断层均为成矿后断层，对矿床破坏较大，将矿体分割成三段。

(二)矿床特征

普查区内共圈出矿体二个，由西往东依次为Ⅰ、Ⅱ矿体。

Ⅰ矿体：本矿体是区内主要矿层，亦为本次勘查工作的重点。

Ⅰ矿体位于藿麻沟断层(F_6)的下盘，呈东西向展布，东自P7线，西至P19线以西，并仍有继续向西延伸的趋势，但已明显变薄，含矿性变差，出露长在1200m以上。矿体总体倾向北倾，倾角60°～80°，在P13线以东，倾角较陡，一般为80°～85°，在P13线以西，倾角变缓，一般为60°～70°。矿体呈透镜状、似层状，从上之下共分为3层矿，编号分别为Ⅰ-2、Ⅰ-1、Ⅰ-3，其中Ⅰ-1为工业矿石，另外2层为低品位矿石。

Ⅰ-1沿走向上矿体连续性好，从P5线一直延伸到P18线，单工程平均TFe含量为19.87%～41.89%，平均为27.65%，最高为ZK1501，单工程矿层真厚度为3.62～54.22m，平均为22.46m，最高为ZK1301。P15线以东，矿体内部少见或几乎无岩脉穿插破坏，P15线以西有部分二品级脉降低了矿体的平均品位，矿体在空间形态上表现为两头薄(贫)、中间厚(富)的楔形，矿石质量好，品位高，从P17线往西矿层品位逐渐降低。

Ⅰ-2为Ⅰ-1矿层上部的低品位矿石，底板为细晶辉长岩，在与细晶辉长岩接触带一般见厚2～3m的粗粒-伟晶岩化含矿辉长岩，该层在施工中常被视为Ⅰ号矿体的“见矿标志层”。在P13线～P20线稳定产出，单工程平均TFe含量为13.13%～15.49%，平均为14.20%，最高为ZK1801，单工程矿层真厚度为5.86～53.29m，平均为16.90m，最高为ZK1902。受后期细晶岩脉穿插破坏较多，在一定程度上降低了该矿层的平均品位。

Ⅰ-3为Ⅰ-1矿层下部的二品级矿层，矿体顶板与霓辉正长岩呈侵入接触，接触带较破碎，构造裂隙发育。在P14线～P20线稳定产出，单工程平均TFe含量为13.72%～17.09%，平均为15.24%，最高为ZK1901，单工程矿层真厚度为4.73m～33.18m，平均为19.91m，最高为ZK1503，走向上连续性较差。

Ⅰ号矿体沿走向、倾向都变化大，延深大，与围岩界线清楚，矿体与围岩产状不完全一致，可能Ⅰ号矿体为岩浆熔离型矿床。

工业矿石与围岩界线清楚，矿石以稠密浸染状为主，无层状韵律特征和条带构造特征。低品位矿呈似层状、透镜体状赋存于中细粒辉长岩中，矿石以星浸-稀疏浸染状为主。

Ⅱ矿体(层)：位于藿麻沟断层(F_6)的上盘，西至P7线与F_6相接，东至P1线与侏罗系下统白果湾组上段(T_3bg^2)的砂泥岩、砾岩呈断层接触，出露长大于500m，倾向南倾，倾角75°～85°。矿体呈似层状，控制工业矿石真厚度为3.9～25.3m，TFe指标平均为24.17%～36.70%。控制低品位矿石真厚度9.17～18.51m，TFe指标平均为16.53%～17.01%。由见矿情况得知，该矿体沿走向上连续性好，矿层底板与北部的细晶辉长岩呈陡倾侵入接触，接触带一般见2～3m的粗-伟晶岩化辉长岩，矿层顶板为含铁细晶辉长岩。以深部钻孔ZK303为例，标高2170m见矿，1980m标高见矿层底板，探制控制倾面长190m，矿层真厚36m。

米易黑古田P15线剖面图如图5-14所示。

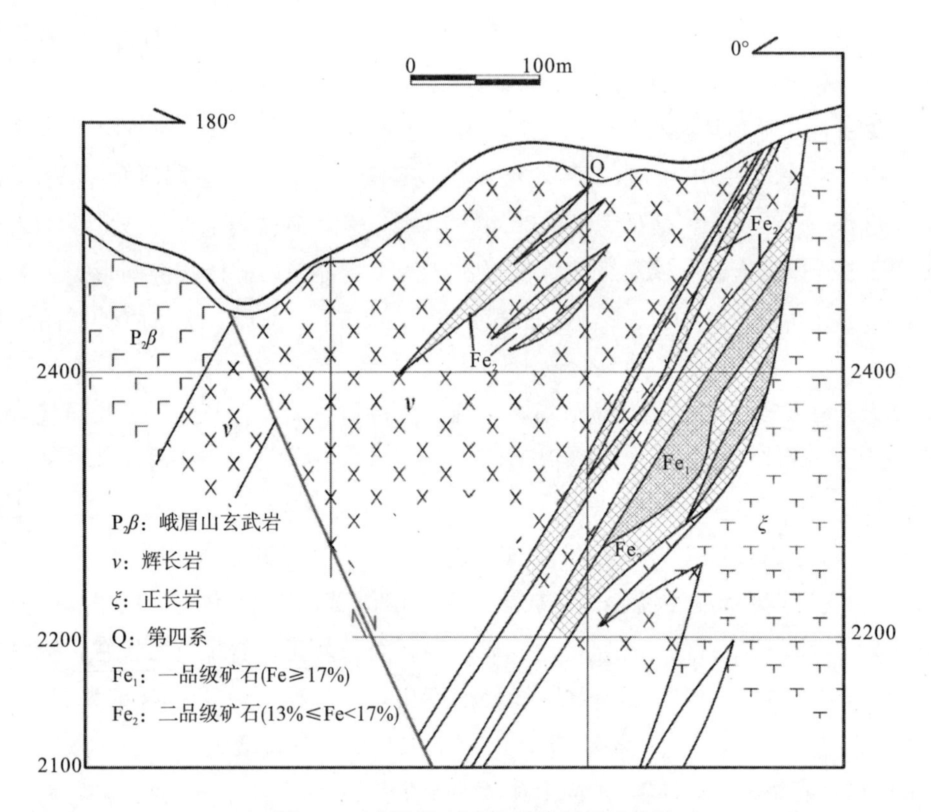

图 5-14 米易黑古田 P15 线剖面示意图

(三)矿石结构构造

本区矿石结构以海绵陨铁结构为主。

海绵陨铁结构：钛磁铁矿、钛铁矿(或硫化物)的半自形-他形粒状集合体似胶结物状充填分布在先结晶形成辉石、橄榄石、斜长石等硅酸盐脉石矿物之间，常将脉石矿物熔蚀呈浑圆粒状。

主要矿体矿石构造主要以稠密浸染状构造为主，其他偶见偶见致密块状构造。

(四)矿石的矿物成分

矿石的矿物成分分为矿石矿物和脉石矿物两大类。各类型矿石的矿物成分基本相似，脉石矿物主要由含钛普通辉石、斜长石及少量的角闪石；矿石矿物主要为钛磁铁矿、钛铁矿等组成。矿物间的组合关系有以下一些特点。

(五)矿石类型

按含矿岩体划分矿石类型：矿体的矿石自然类型为辉长岩型矿石。

二、巴洞矿床

(一)含矿岩体特征

矿区位于扬子陆块西缘康滇构造带中段安宁河深断裂带西侧，矿区及外围地层、岩浆岩、构造均较简单，主要出露前震旦系会理群天宝山组变质岩，第三系昔格达组及第四系。

矿区内构造较简单，主要为南北向构造带派生的次级小断裂。根据展布方向有三组，南北向压扭性断裂组，北东东向张、压扭性断裂组和北西向张扭性断裂组。其中北西向断裂对矿体有一定破坏作用。

矿区岩浆岩主要有：前震旦纪晋宁期黑云母花岗岩及海西早期基性—超基性岩。后者为含矿母岩体，侵位于黑云母花岗岩体与会理群天宝山组变质岩接触带之间，以变质岩为岩体顶板，花岗岩为底板。岩体南北长约 5km，东西宽约 1.8km，分布面积约 $9km^2$。岩体以基性岩为主(占 75%)，次为超基性岩(占 25%)。超基性岩晚于基性岩、超基性岩浆沿基性岩体边缘相贯入。主要岩石类型有：橄榄岩、橄辉岩、辉石岩及细－伟晶结构的浅色辉长岩。脉岩类，矿区内发现的脉岩主要有辉绿岩脉、石英正长岩脉和角闪正长岩脉等，规模均较小。

(二)矿床特征

矿床赋存巴洞基性－超基性岩中，该矿床与攀西地区其他钒钛磁铁矿床基本地质存在三个方面不同之处：一是岩体的岩石矿物成分辉石，除单斜辉石外还普遍有少量斜方辉石(含量微量－8.40%，一般为 1%～2%)；二是矿体形态不规则，呈透镜状、脉状、网脉状产出，产状与围岩平行或斜交(基本见有穿斜、包裹围岩的现象)，部分矿体延深大于延长；三是矿床共生有两类明显不同的矿产，除具一般特征的钒钛磁铁矿外，还有一定金红石-钛铁矿矿产。金红石-钛铁矿矿见与巴洞沟以北的辉石岩中，与钛铁矿聚集共生，含量一般为 3%～15%。近期对一件样品经光薄片鉴定为辉石岩型金红石-钛铁矿，矿石矿物金红石 8%，钛铁矿 43%，榍石 1%～2%。脉石矿物(辉石)38%，经化学分析 TiO_2 42.30%、TFe 19.63%、V_2O_5 0.091%。

该矿床主要为钒钛磁铁矿，次为金红石-钛铁矿。两类矿石共 12 个矿体。其中Ⅰ、Ⅱ、Ⅲ、Ⅳ、Ⅴ、Ⅵ、Ⅷ、Ⅸ等八个矿体为钒钛磁铁矿矿体(矿化体)；Ⅶ、Ⅹ、Ⅺ、Ⅻ等四个为金红石-钛铁矿矿体(矿化体)。钒钛磁铁矿矿体主要分布于岩体南段西带的细粒-中粒辉长岩相带中；金红石-钛铁矿矿体主要分布于岩体北段的辉石岩或橄辉岩相带中。在平面或剖面上，矿体常呈透镜状、不规则状(网脉状)或串珠状产出，矿体与顶底板岩石产状基本一致或具小角度相交，与顶底板岩石之间界线截然，甚至见到穿插关系和包裹围岩的现象。

（三）矿体特征

目前已知工业矿体有四个，即Ⅰ、Ⅱ、Ⅲ、Ⅳ、Ⅴ、Ⅵ，现分述如下。

(1)Ⅰ号矿体：地表圈定长度为400m，控制垂深195m，平均厚度为21.83m。矿体产状：走向北东，向北西方向倾斜，260°～300°∠50°～62°。矿体平均品位TFe 26.29%、TiO_2 8.63%、V_2O_5 0.303%。

矿体顶板岩石为中-细粒辉长岩(局部为细粒橄辉岩)，底板为细-中粒辉长岩。其接触关系截然，并在矿层中见围岩俘虏体。

矿石类型主要为辉长岩型中浸状矿石，局部有橄辉岩型稠浸状矿石。

(2)Ⅱ矿体：位于岩体南段西带，即岩体向东转折部位。地表推断长度165m，向下延深(控制深度)330m，矿体厚度为63.57m。矿体延深远远大于走向长度。

矿体产状：与围岩产状一致，走向北西西，向北北东倾斜，在TC1102中产状为15°∠45°，在地质图及剖面图中为20°∠60°～70°。

矿体顶、底板均为中细粒辉长岩。矿体与它们之间的界线截然为其特征。

矿层构造复杂。矿石类型以中-细粒辉长岩型稀-中浸状矿石为主，其次为橄辉岩型。辉石闪长岩型矿体，厚度小，不具工业意义。矿石品位也较高，其中最高者，TFe46.97%、$TiO_2$14.90%、$V_2O_5$0.58%，是岩体中单样品位较高的矿体。矿体的平均品位为TFe27.41%、$TiO_2$9.71%、$V_2O_5$0.331%。

(3)Ⅲ号矿体：出露在Ⅱ号矿体北东150m处，矿体地表长250m，倾向北西，倾角54°，地表出露4.05m，对其深部延伸情况作了控制，在斜深50m处未见矿体，其延深有限。TFe平均品位22.05%。

(4)Ⅴ号矿体：经工程揭露，矿体走向长度为75m，向下延深130m(控制斜深)。矿体产状：走向北东，向北西倾斜。在TC8探槽中位320°∠57°，剖面图中为305°/50°。矿体顶板岩石为中-细粒含铁辉长岩，底板为角闪花岗质混合岩。矿体产状：走向北东，向北西方向倾斜。在TC12中为296°∠60°在TC701中为260°∠62°，在地质图及剖面图中为305°∠50°。

矿体顶板岩石为中-细粒辉长岩(局部为细粒橄辉岩)，底板为细-中粒辉长岩。其接触关系截然，并在矿层中见围岩俘虏体。

矿石类型主要为辉长岩型中浸状矿石，局部有橄辉岩型稠浸状矿石。据探槽中样品资料，TFe最高品位50.33%、最低15.06%，TiO_2最高品位16.56%，最低3.10%。V_2O_5最高品位0.64%、最低0.07%。全区单样最高品位即在此矿体中，矿体平均品位TFe28.07%、$TiO_2$9.9%、$V_2O_5$0.250%。

(5)Ⅵ矿体：位于岩体中部橄辉岩相带的细粒辉石岩中，矿体平均厚度29.50m，矿体长度为170m，垂深60m。

矿体其产状为305°∠40°、295°∠40°，与围岩及项、底板岩石产状基本一致，矿体主要呈脉状、透镜状或网脉状产出。

围岩特征：Ⅵ号矿体围岩为辉石岩。岩石为灰-灰黑色。中-细粒结构。块状构造，矿物主要由辉石(85%～95%)组成。金属矿物含量1%左右，副矿物有榍石、磷灰石、白钛石(总含量少-偶见)，蚀变矿物有次闪石、绿泥石(总含量5%～10%)。

矿体因受后期构造破坏而极为破碎，沿破碎带有晚期碱性花岗岩脉穿。在脉壁附近出现较强的次闪石化，同时普遍见金红石交代钛铁矿和榍石交代金红石、钛铁矿现象，使金红石矿化极不均匀，而且常呈不规则团块产出，次闪石化较强的地方。榍石常多于金红石。

(四)矿石质量

1. 矿石物质组成

金属氧化物：主要为钛磁铁矿、粒状钛铁矿，次为磁铁矿、赤铁矿、钛铁晶石、白钛石、锐钛石、褐铁矿等；金属硫化物极少，有黄铜矿、黄铁矿、磁黄铁矿等。

脉石矿物：普通辉石、基性斜长石及少量杆栏石、黑云母、角闪石等。

付矿物：主要有尖晶石、磷灰石、屑石、偶见金红石。

蚀变矿物：次闪石、纤闪石、蛇纹石、绿泥石、透闪石、阳起石、黝帘石、伊丁石、碳酸盐及黑云母等。

2. 矿石的化学成分

矿区各矿体有益组分的平均含量如表5-4所示。

表5-4　矿区各矿体有益组分的平均含量

矿体编号	平均品位/%						
	TFe	TiO_2	V_2O_5	Cr_2O_3	Cu	Co	Ni
Ⅰ	31.59	9.70	0.26	0.1348	0.0075	0.0165	0.0086
Ⅱ	40.45	9.88	0.50	0.038	0.014	0.006	0.008
Ⅲ	22.05	7.19	0.21				
Ⅳ	20.96	7.74	0.233	0.038	0.014	0.006	0.008
Ⅴ	36.77	9.18	0.42	0.1348	0.0075	0.0165	0.0086
Ⅵ	31.00	12.72	0.24	0.135	0.02	0.007	0.042

注：各矿体中主要有害组分的平均含量：$SiO_2<18\%$，$S<0.3\%$，$P<0.3\%$。

3. 矿石类型及品级

矿石的自然类型，在Ⅰ号矿体中，钒钛磁铁矿主要与斜长石、辉石和金属硫化矿组成；在Ⅱ、Ⅲ、Ⅳ、Ⅴ号矿体中钒钛磁铁矿主要与斜长石、辉石，杆栏石和金属硫化物形成各种自然组合类型。较为常见的主要有下列四种：斜长石、辉石钒钛磁铁组合；斜长石、辉石、杆栏石钒钛磁铁矿组合；辉石、杆栏石钒钛磁铁矿组合；斜长石、辉石、角闪石钒钛磁铁矿组合。前两类较普遍，后两类仅局部见到。Ⅵ矿体矿石类型的划分：主要参照钒钛磁铁矿的划分原则，同时考虑蚀变特征，将矿石划分为弱次闪石化辉石岩型和橄辉岩型。

4. 矿体围岩

矿体顶底板为中-细粒辉长岩、辉石岩。岩矿体内构造较以节理裂隙为主，岩石稳定性较一般，构造软弱处需要支护。

三、杨湾磷灰石-磁铁矿点

杨湾矿点位于冕宁县沙坝乡杨湾，杨湾矿点为磷灰石－磁铁矿点，矿体赋存于辉长岩-橄榄辉长岩-橄榄辉石岩型岩体中，含矿岩体为印支期石英闪长岩的捕掳体，区内已发现的岩体有沙坝、锅底村、李家铺子、笔架山、盐井沟、周家堡、安山场、土司山、布什拉达、小白马场及杨湾等，保存的岩体规模都极小。

杨湾磷灰石－磁铁矿点普查工作共发现 6 个矿体，矿体规模小(长 1～2m，宽小于 1.5m 或长 10m，厚 0.3m)；矿体互不相连，走向多为南北向，东西向排列。

矿石矿物中金属矿物磁铁矿 58%～65%、钛铁矿 5%～15%，少量黄铜矿、黄铁矿，脉石矿物主要为磷灰石 8%～34%，少量透闪石、绿泥石等。

矿石化学成分，TFe 51.74%～57.92%、TiO_2 4.29% 、V_2O_5 0.33%～0.39%、P 2.12%、S 0.017%。

矿石的矿物成分和化学成分显示其属钒钛磁铁矿，且可与河北承德“大庙式”钒钛磁铁矿床中的头沟铁磷矿区、马家营铁磷矿区对比，属与岩浆晚期贯入型矿床。

第六章　区域成矿规律和找矿前景

第一节　区域成矿规律

一、含矿岩体与构造的关系

攀西地区含钒钛磁铁矿基性超基性岩体空间上限于攀西裂谷裂前穹隆隆起带，延西昌太和—攀枝花市仁和区萝卜地一带分布，南北长约300km、东西宽30～50km。含矿岩体分为东西两个支带：东支自北向南有太和、巴洞、白马、新街、红格等岩体，呈南北向断续带状分布，单个岩体大致走向南北或近南北向，其与南北向的安宁河、磨盘山—昔格达断裂成断裂带形影相随；西支自北东西南面有黑古田、务本、攀枝花、萝卜地等岩体，呈北东至南西断续带状分布，单个岩体主要为北东至南西走向，与北东至南西向的攀枝花断裂密切相伴。攀西地区含钒钛磁铁矿基性超基性岩体的形成受区内规模巨大、发展历史悠久深大断裂或断裂带控制，东支的岩体受安宁河、磨盘山-昔格达深断裂控制，西支岩体受攀枝花大断裂控制。含矿岩体呈辉长岩型(如攀枝花、白马、太和等)和辉长岩-辉石岩-橄辉岩型(如红格、新街等)，两者在区域上可以进行对比(图6-1)。

二、岩体特征

1. 岩浆类型

研究表明，含矿岩体属大陆碱性玄武岩与大陆拉斑玄武岩之间的过渡性碱性橄榄玄武岩浆。岩石化学成分是以贫硅镁、富铁铝、含钙碱质较高为特征。岩石基性度0.20～1.50、一般为0.40～0.60，镁铁比值0.20～3.00、一般为0.50～2.00，SiO_2一般为35～45%、AL_2O_3一般为17%左右，MgO一般为6%～8%，K_2O+Na_2O 2%～5%，一般为3%～4%。

2. 岩体分异特征

大、中型岩体都具明显的分异特征，岩体往往具层状、似层状、条带状、流面状、流线

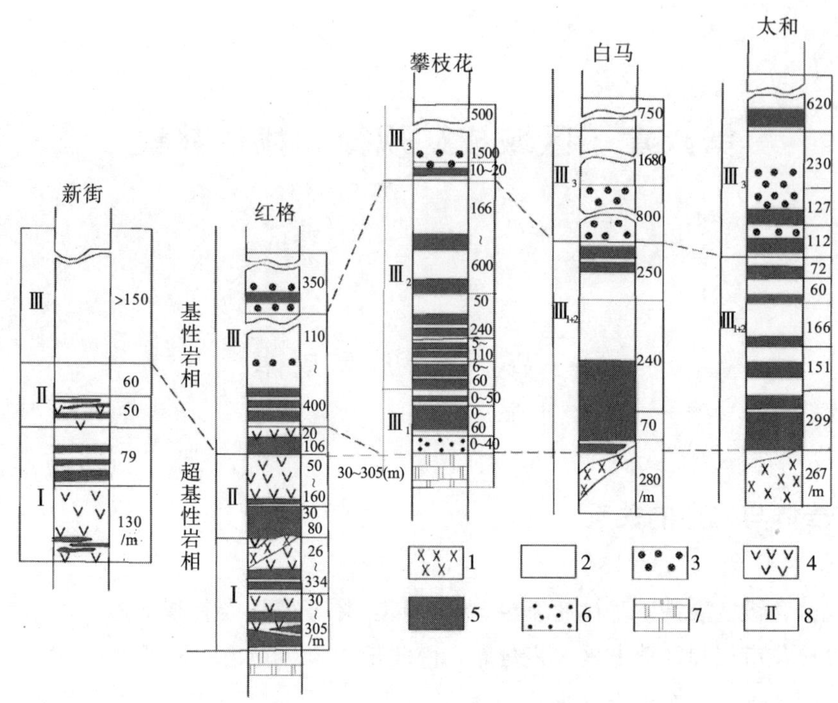

图 6-1 钒钛磁铁矿床层序对比图

1. 粗-伟晶辉长岩；2. 中粒流层状辉长岩；3. 灰岩；4. 辉石岩、辉岩、橄榄岩；5. 钒钛磁铁矿层；6. 边缘带；7. 白云大理岩；8. 堆积旋回及编号

状等构造特征。岩石组合总的趋势是岩体中下部、底部暗色矿物(辉石、橄榄石等)较多，中上部、上部浅色矿物(基性斜长石等)增多；上部一般为辉长岩，下部或底部有辉石岩、橄辉岩、含斜长橄榄岩、含斜长橄辉岩条带或厚大的岩层。矿体主要赋存于岩体底部或中下部，主要为工业矿石；上部、中上部仅有小型矿条，主要为低品位矿石。矿石共(伴)组分自下而上变贫，脉石矿物斜长石 An 值、橄榄石 Fo 成分、矿物粒度自下而上有变小的趋势。

3. 岩体规模

岩体大都被后期岩浆(碱性岩、花岗岩、峨眉山玄武岩次火山相的辉绿辉长岩-细晶辉长岩等)破坏厉害，保存不好。现保存的部分还形成大型矿床的岩体保存部分都能达大中型。个别岩体形成的矿床规模巨大、岩体保存的确不大(太和岩体)是因为后期岩浆活动破坏仅留下较少的部分(表 6-1)。

表 6-1 主要岩体规模一览表

规模 岩体名称	长/km	宽/km	面积/km^2	最大厚度/m	备注
攀枝花岩体	19	2—3	40	2720	东侧完整部分
红格岩体	16	5—10	100	1485	整个岩体
白马岩体	24	2—6.5	100	4634	整个岩体
太和岩体	3.5	2	7	1695	保存部分

4. 岩体形态

岩体形成后遭受不同程度后期岩浆吞噬和剥蚀作用，均未见岩体顶板，底部也仅在部分岩体中的部分地段见到，再是原研究对象主要是矿化较好的浅部，矿化较差的地段未作较深入的研究，对 4 大岩体(还包括部分规模较少岩体)都认为单斜层状产出。经近年整装勘查和大调查，在攀枝花矿床西侧发现飞机湾矿区、白马矿区西横山施工一孔发现与白马矿床类似的矿体，红格矿区西部施工的 5 个钻孔发现可与红格矿床可对比的矿体。上述发现矿体(床)的地区均紧邻已查明的大矿体，中间仅被后去岩浆岩相隔，即使紧接的岩体也认为其不具成矿条件，新发现的矿体(床)的岩石组合、矿体特征、矿石类型均可与相邻矿床对比，不排除岩体成岩盆的可能性。

5. 岩石组合

形成岩体的矿物成分，除钒钛磁铁矿、钛铁矿及少量硫(砷)化物外，脉石矿物主要为含钛普通辉石、基性斜长石、橄榄石及少量含钛普通角闪石、磷灰石等。

岩石组合大致可分为基性岩类(辉长岩、橄榄辉长岩、橄长岩等)和超基性岩类(辉石岩、橄辉岩、橄榄岩、斜长橄辉岩、含长橄辉岩等)。基性岩类一般分布在岩体中、上部，以下基性岩类为主的基本整个岩体都为辉长岩组成，仅在底部见到规模很小的超基性条带或透镜体；基性-超基性岩体，一般中部、中上部为基性岩类，中下部为超基性岩类。

三、岩体形成时代

研究人员对岩体形成时代一直有争议，目前基本偏向华力西期形成，但又有早期和晚期的问题。1/20 万米易幅区调报告和早年部分研究者认为含矿岩体侵入峨眉山玄武岩中，近年有些研究者 U-Pb 法同位素年龄测定结果为 260Ma 左右，也认为含矿岩侵入峨眉山玄武岩中，确定为华力西晚期形成，并晚于峨眉山玄武岩。经地质勘查和一些专题研究证实，含矿岩体并未侵入玄武岩中，所见的是玄武岩次火山相辉绿辉长岩、细晶辉长岩等对含矿岩体和矿体的严重破坏，在其中见有大小不等矿石捕掳体、残留顶盖等，表明玄武岩比含矿岩体形成晚。大量的 K-Ar 法同位素年龄测定成果，等时线年龄值分别为(388.73±0.90)Ma 及(382.19±13.02)Ma，相当于泥盆纪，华力西早期可能更合适些。

四、“三位一体”岩浆岩组合

四大矿区含矿岩体均与碱性岩、峨眉山玄武岩共生。据统计相关碱性岩为含矿岩体面积的41%～94%，平均为54%左右，即碱性岩与含矿岩体比值大致为1∶2。据此试图用1份碱性岩与2份含矿岩体的岩石主要成分的平均值计算结果，其化学成分与峨眉山玄武化学成分或相似(表6-2)，也许碱性岩与含矿岩体为峨眉山玄武岩分异产物。

表6-2　碱性岩、含矿岩体与峨眉山玄武岩主要化学成分对比表

岩石类型	岩石化学成分平均值/%								
	SiO_2	Al_2O_3	TiO_2	Fe_2O_3	FeO	MgO	CaO	Na_2O	R_2O
碱性岩	62.76	14.25	0.76	4.67	3.05	0.61	1.42	6.55	3.10
含矿岩体	41.68	14.84	4.12	5.83	9.06	6.28	11.51	2.26	0.84
两类岩石计算成分	48.00	14.64	3.00	4.44	7.06	4.39	8.15	3.69	1.59
攀西地区峨眉玄武岩	48.25	13.95	3.18	4.95	8.19	5.44	8.56	2.62	1.22
中国玄武岩	48.28	14.99	2.21	4.18	6.95	7.00	8.07	3.40	2.51

五、物(化)探异常

有钒钛磁铁矿分布的地区都伴生有航磁异常及地磁异常、且磁异常强度大；由已知矿床引起的航磁异常强度430～1400NT；地磁异常ΔZ一般3000～5000NT，最高可达7000NT以上；隐伏矿体(埋深200～300m)为500～1000NT。磁异常形态规则，往往正负异常相伴。

化探异常为Bi、Co、Fe、Hg、Ta、Nb、P、Ti、V、Y、Zn组合，均为钒钛磁铁矿分布区的组合异常。

攀枝花式钒钛磁铁矿的成矿作用从岩浆发生液态重力分异时已经开始，以后的成矿作用贯穿于整个成岩全过程，因此攀西地区钒钛磁铁矿应为岩浆分异-分凝矿床。

第二节　找矿前景评价

一、预测评价结果综述

1.概述

攀西地区已发现含钒钛磁铁矿的基性超基性岩体约30余处，大者如白马、红格、攀枝花、太和等岩体，面积在数十至百余平方公里，构成一个矿田；而小者地表出露面积不足 0.1km^2。

攀枝花、太和、白马、红格四大矿田的储量占攀西地区钒钛磁铁矿总储量的99.21%。区内另一些岩体，出露面积较小，层状构造发育欠佳，地表所见到含矿性较差，或因其生成时代不清等原因而未进行详细地勘工作，未获得储量，随着今后地质工作程度的提高，有可能在这些岩体中得到一定的铁矿储量。

2. 资源远景评价

对攀西地区钒钛磁铁矿资源的远景评价工作，自 1978 年以来即已开始，先后有攀枝花地质综合研究队及地科院矿床所分别对攀西地区基性超基性岩体运用数学地质方法进行含矿性判别，对是否为含钒钛磁铁矿予以定性，关于钒钛磁铁矿资源的定量预测工作，近年已取得一些成果，兹分述于下。

(1)1981 年由攀枝花地质综合研究队、地科院矿床所、成都地质学院、川地一〇六地质队、物探大队共同编写的《攀枝花—西昌地区钒钛磁铁矿成矿规律与预测研究报告》中，曾以“哈里斯预测模型”原理作雏型，预估储量后又采用类似“德尔菲法”进行校正，对攀西地区钒钛磁铁矿储量进行估算。计算结果全区包括已探明的和预估的各级储量(A～F 级)总数为 207 亿 t。其中，已探明储量为 77 亿 t(1980 年数字)；预估储量为 130 亿 t。在预估储量中，地表以下至 500m 深度的储量为 17 亿 t，500～1000m 范围内为 113 亿 t。

(2)1983 年由攀西地质大队提交的《四川省攀西地区钒钛磁铁矿资源总量预测及方法研究报告》，是在探索预测方法的基础上对钒钛磁铁矿的资源问题进行预测。该报告主要运用丰度法，矿床摸拟法及逐步回归分析等方法以相互比较选择其适用性。这些方法都先选定一批工作程度在初查以上并进行过详细研究的含矿岩体作为模型岩体建立数学模型，然后据以对地质条件相似的其他岩体进行资源总量预测。

用丰度法预测结果，在太和、白马、攀枝花、红格四个大型矿田的深部(地表以下 500～1000m)还可获得铁矿石储量 99.85 亿 t。另有部分待测岩体可获储量 15.26 亿 t，连同已探明的工业储量 77 亿 t，攀西地区钒钛磁铁矿资源总量共为 192.11 亿 t。

应用矿床模拟法预测结果，太和等四个大型矿田深部可获储量为 99.85 亿 t，部分待测岩体的预测储量为 16.76 亿 t，加上已获得工业储量 77 亿 t，资源总量为 193.61 亿 t。

按此次Ⅴ级远景区划中对矿田的划分，在上述资源总量预测及方法研究报告中所确定的待测岩体中，相当一部分岩体已恰好属白马矿田(有夏家坪、棕树湾、青杠枰、黄草、马槟榔等)，红格矿田(有猛粮坝、白草、马鞍山、中梁子、白沙坡、小米地、大老包、新桥等)和太和矿田(有蜂子岩)。这部分预测储量也应分别划入四个矿田之内。因此，真正属于太和、白马、攀枝花、红格四个矿田以外的预测岩体仅为半边山、民胜、樟木、大向坪、万家坡、坝头上、普隆、半山、萝卜地等 9 个岩体，预测的资源总量仅有 1.32 亿～5.44 亿 t。

(3)2013年完成的四川省矿产资源潜力评价，根据对攀枝花钒钛磁铁矿区域成矿规律的分析，圈定出攀枝花等19个最小预测区，利用地质体积法及磁异常拟合体积法等预测方法，对本区2000m以浅钒钛磁铁矿潜在资源量(矿石量)进行了预测评价，其中太和、白马、攀枝花、红格等4个最小预测区的潜在资源量(矿石量)占77%。

(4)不论以哪个研究报告的资料或哪种方法进行资源预测的结果都表明：攀西地区钒钛磁铁矿资源都集中赋存在太和、白马、攀枝花、红格等四个已勘探的矿田内不同岩段和其深部，是今后地勘工作的主要方向，同时对其他岩体还应进一步工作，以期找到更多的铁矿资源和其共生，伴生矿产。

二、工作部署建议

2009年以来，研究人员在四大勘查区内共开展了19个勘查项目(表6-3)，其中，中央地勘基金项目3个，省基金项目13个，社会资金项目3个。新发现大中型矿产地7处(其中，大型2处，中型5处)：务本、黑谷田(1955年发现，此次规模增大)、飞机湾、蜂子岩、大象坪、白沙坡、一碗水。区内还有若干矿点、矿化点和航地磁异常也有望找到钒钛磁铁矿隐伏矿床。

表6-3 钒钛磁铁矿勘查项目一览表

序号	项目名称	资金来源
1	四川省西昌市响水乡蜂子岩钒钛磁铁矿普查	省基金
2	四川省西昌市太和钒钛磁铁矿区深部及外围普查	中央和省级
3	四川省德昌县大象坪钒钛磁铁矿普查	省基金
4	四川省德昌县铜厂坪钒钛磁铁矿普查	省基金
5	四川省米易县棕树湾钒钛磁铁矿普查	省基金
6	四川省米易县白马钒钛磁铁矿区及及坪—夏家坪矿段深部及外围普查	中央和省级
7	四川省米易县白马钒钛磁铁矿区田家村—青杠坪矿段深部及外围普查	中央和省级
8	四川省米易县白马钒钛磁铁矿区马槟榔矿段普查	省基金
9	四川省米易县黑谷田钒钛磁铁矿普查	省基金
10	四川省攀枝花市仁和区务本营盘山钒钛磁铁矿普查	省基金
11	四川省攀枝花市西区新庄飞机湾钒钛磁铁矿普查	省基金
12	四川省攀枝花市攀钢兰尖—朱家包包钒钛磁铁矿延伸勘探	社会资金
13	四川省攀枝花仁和区纳拉箐钒钛磁铁矿普查	省基金
14	四川省米易县潘家田铁矿延伸勘探	社会资金
15	四川省盐边县、米易县、会理县一碗水钒钛磁铁矿预查	省基金
16	四川省盐边县彭家梁子钒钛磁铁矿预查	省基金
17	四川省盐边县、会理县红格钒钛磁铁矿区深部及外围普查	省基金
18	四川省盐边县新九大老包铁矿延伸勘探	社会资金
19	四川省盐边县新九乡白沙坡—新桥钒钛磁铁矿普查	省基金

中国地质调查局对整装勘查工作给予了大力支持，在整装勘查区共安排了 10 个基础地质调查与科研项目(表 6-4)。

表 6-4　基础地质调查与科研项目一览表

序号	项目名称	工作年限
1	四川省攀西地区红格外围钒钛磁铁矿调查评价	2010～2012
2	四川攀西白马—攀枝花地区钒钛磁铁矿调查评价	2011～2013
3	攀西太和整装勘查区钒钛磁铁矿调查评价	2013～2015
4	四川攀枝花地区 1∶5 万新坪、普威、永兴、盐边、麻陇（G47E006023、G47E006024、G47E007022、G47E007023、G47E007024)5 幅区域地质矿产调查	2012～2014
5	攀枝花—安益地区 1∶5 万航磁调查	2011～2015
6	攀枝花市、东川市幅 1∶25 万区域重力调查	2012～2014
7	四川攀枝花钒钛磁铁矿整装勘查区 1∶5 万重力调查	2013～2015
8	四川攀枝花式铁矿成矿地球动力学背景、过程、定量评价及岩浆成矿系统的复杂性研究	2012～2015
9	四川攀枝花深部找矿疑难问题研究	2012～2013
10	攀枝花矿集区重金属生态效应分析方法研究与示范	2013～2015

在下阶段工作中，建议继续对取得新发现的矿产地、矿化点以及高精度磁测异常点进行综合研究，加强勘查，例如对务本新发现的深部厚大矿体，白马矿区 M19 号异常等验证，对达到普查阶段的矿产地进一步详查、勘探，以达到为后期开发利用作准备。

主要参考文献

梅厚均. 1973. 西南暗色岩深渊分异两个系列的岩石化学特征及铁镍矿化的关系[J]. 地球化学，(4).

刘芳新. 1974. 长江上游地区几个层状基性—超基性侵入体岩石特征及有关岩石学问题[J]. 地球化学，(2).

袁海华. 1981. 攀枝花—西昌地区部分基性—超基性岩同位素 K－Ar 法年龄的初步研究[J]. 成都地质学院学报，(2).

四川省地质矿产局. 1981. 四川省区域地质志[M]. 北京：地质出版社.

骆耀南. 1981. 攀枝花地区新街含铬铁矿的层状超镁铁－铁镁岩矿化特征[J]. 地球化学，(1).

茅燕石，等. 1982. 浅论米易新街基性超基性岩体和玄武岩接触带的辉绿辉长岩[J]. 成都地质学报，(2).

李德惠，等. 1983. 四川攀西地区含钒钛磁铁矿层状侵入体的韵律层及形成机理[J]. 矿物岩石，(1).

李存帅，等. 1983. 四川攀西地区新街岩体岩浆分异作用与金属矿物成因[J]. 岩石矿物及测试，2(3).

杨本锦，等. 1985. 矿产资源评价决策模型——以攀西钒钛磁铁矿为例[M]. 成都：四川科学技术出版社.

张云湘. 1985. 中国攀西裂谷文集[M]. 北京：地质出版社.

黄振华，等. 1987. 四川红格钒钛磁铁矿床成矿条件及地质特征[M]. 北京：地质出版社.

卢记仁. 1987. 攀西层状基性超基性岩体岩浆类型及成因[J]. 矿床地质，6(2).

卢记仁，等. 1988a. 攀西地区钒钛磁铁矿矿床的成因类型[J]. 矿床地质，7(1).

卢记仁，等. 1988b. 攀西层状岩体及钒钛磁铁矿床成因模式[J]. 矿床地质，7(2).

张云湘. 1996. 中国矿床发现史[M](四川卷). 北京：地质出版社.

张云湘，等. 1988. 攀西裂谷[M]. 北京：地质出版社.

从柏林. 1988. 攀西古裂谷的形成与演化[M]. 北京：科学出版社.

四川省地质矿产局攀西地质大队. 1984. 攀枝花—西昌地区钒钛磁铁矿共生矿成矿规律与预测研究报告[R].

编后语

攀西地区钒钛磁铁矿自20世纪30年代发现以来，尤其是1954年以来，很多地勘、科研单位对区内钒钛磁铁矿做了大量的工作。从1954年攀枝花矿区开始勘查的60年来，从事攀西地区钒钛磁铁矿勘查工作的地勘单位主要有：四川省地质矿产勘查开发局攀枝花铁矿勘探队、力马河队、一〇六队、一一三队、物探队、一〇九队、四〇三队、一〇八队、攀西队等，四川省冶金地质局六〇一队、六〇三队、六〇六队、六〇九队等，四川省煤田地质局一三五队、一三七队、地勘院等，先后提交各类地质勘查报告40余份。1964年，高钛型钒钛磁铁矿高炉冶炼成功，攀枝花钢铁基地上马，对攀枝花式钒钛磁铁矿共(伴)生有用(益)组分综合利用又提到重要日程上来。1968年8月，国务院委托四川省革命员会在成都召开钒钛磁铁矿综合利用科研协调会以后，地质科学院矿床地质研究所、地质研究所、峨眉综合所、西南地质研究所等，中国科学院贵阳地球化学研究所、地质研究所等，冶金工业部长沙矿研究院，成都地质学院、长春地质学院等，四川省地质局一〇六队、中心实验室、西昌实验室(后为八二〇队实验室)等，对攀西地区钒钛磁铁矿物质成分及综合利用、攀西地区钒钛磁铁矿成矿规律与预测进行深入、广泛的研究工作，取得丰富的成果。

本书的编写大量使用了各地勘、科研单位的成果，这些成果大都未公开出版发行，使用过程中未能完全写明出处，望有关单位和作者予以原谅，借此表示感谢。

由于编者水平有限，对大量资料又未完全消化，错误之处，敬请批评指正。

索　引

A

安宁河深断裂带　12，17

B

巴洞矿床　106
白马矿床　78，95，113

C

成矿模式　38，66，78
磁异常　3，21，29－31，47，114－116

D

大地构造位置　10，28，104
大地构造演化特征　17

F

钒钛磁铁矿矿床类型　62

G

共(伴)生矿产　87，95
构造控矿　41

H

含矿岩体　21，29，31，44－52，62，64－68，72，77－79，82，83，88，95，96，102，104，106，110，111，113－115
黑古田矿床　104
红格矿床　78，113
华力西晚期　15，22，27，34，51，52，113
火山岩　11，17－19，22，26，27，34，38，51，88

J

金河—程海断裂带　38

K

勘查史　1
康滇大陆古裂谷带　20，23
康滇断隆带　6，10，17，34，35
康滇古岛弧褶皱带　17，19
矿石类型　59，60，73，74，86，87，94，106，108－110，113
矿石特征　85，100，103
矿体特征　68－71，79，90，102，103，108，113

M

磨盘山深断裂带(昔格达深断裂带)　12

N

宁会大断裂　16，29

P

攀枝花大断裂　15，28，30，66，111
攀枝花矿床　66，67，113

Q

潜力评价　5，6，39，115
侵入岩　2，11，15，22，26－28，34，52，66，68
侵入岩浆带　28
区域成矿规律　39，111，115
区域化探异常特征　31
区域遥感地质特征　33
区域重砂异常特征　34

S

“三位一体”岩浆岩组合　113

T

太和矿床　66，72

X

新街矿床　78，88，95

Y

岩浆分异辉长-橄长-斜长橄辉岩型　78，95
岩浆分异辉长-辉石-橄榄岩型矿床　78
岩浆分异型　38，63，64，66
岩浆晚期熔离贯入型　104
岩体形成时代　113

Z

整装勘查　5，6，45，60，83，113，116，117
主要大型构造　11
资源概况　6
棕树湾矿床　78，102